JN040994

学ぶ人は、
変えて
ゆく人だ。

目の前にある問題はもちろん、

人生の問いや、社会の課題を自ら見つけ、

挑み続けるために、人は学ぶ。

「学び」で、少しずつ世界は変えてゆける。

いつでも、どこでも、誰でも、

学ぶことができる世の中へ。

旺文社

このドリルの特長と使い方

このドリルは,「文章から式を立てる力を養う」ことを目的としたドリルです。単元ごとに「理解するページ」と「くりかえし練習するページ」を設けて,段階的に問題の解き方を学ぶことができます。

① 理解

式の立て方を理解する
ページです。式の立て方のヒントが載っていますので,これにそって問題の解き方を学習しましょう。
ヒントは段階的になっていますので,無理なくレベルアップできます。

② 練習

「理解」で学習したことを身につけるために,くりかえし練習するページです。「理解」で学習したことを思い出しながら問題を解いていきましょう。

③ 🌸チャレンジ🌸 間違えやすい問題は,別に単元を設けています。こちらも「理解」→「練習」と段階をふんでいますので,重点的に学習することができます。

もくじ

文字と式
　xがある式 ・・・・・・・・・・・・・・・・・・・・・・・・ 4
　xとyがある式 ・・・・・・・・・・・・・・・・・・・・・ 8
　値を求める ・・・・・・・・・・・・・・・・・・・・・・・・ 12

分数のかけ算
　整数と分数 ・・・・・・・・・・・・・・・・・・・・・・・・ 16
　分数と分数① ・・・・・・・・・・・・・・・・・・・・・・ 20
　分数と分数② ・・・・・・・・・・・・・・・・・・・・・・ 24
　★ 分数のかけ算のまとめ ★ ・・・・・・・・・・ 29

分数のわり算
　整数と分数のわり算 ・・・・・・・・・・・・・・・・ 30
　分数のわり算 ・・・・・・・・・・・・・・・・・・・・・・ 34
　🌸チャレンジ🌸分数の倍とかけ算・わり算① ・・・・ 38
　🌸チャレンジ🌸分数の倍とかけ算・わり算② ・・・・ 42
　🌸チャレンジ🌸分数の倍とかけ算・わり算③ ・・・・ 46
　★ 分数のわり算のまとめ ★ ・・・・・・・・・・ 50

比と比の値
　比の一方の量を求める ・・・・・・・・・・・・・・ 51
　🌸チャレンジ🌸全体を部分と部分の比で分ける ・・・ 56
　★ 比と比の値のまとめ ★ ・・・・・・・・・・・・ 62

縮図
　縮図の利用 ・・・・・・・・・・・・・・・・・・・・・・・・ 63

比例と反比例
　比例の利用 ・・・・・・・・・・・・・・・・・・・・・・・・ 67
　反比例の利用 ・・・・・・・・・・・・・・・・・・・・・・ 71

場合の数
　並べ方 ・・・・・・・・・・・・・・・・・・・・・・・・・・・・ 75
　組み合わせ方 ・・・・・・・・・・・・・・・・・・・・・・ 79
　いろいろな場合の数 ・・・・・・・・・・・・・・・・ 83
　★ 場合の数のまとめ ★ ・・・・・・・・・・・・・・ 87

資料の整理
　代表値とちらばり ・・・・・・・・・・・・・・・・・・ 88
　度数分布表とヒストグラム ・・・・・・・・・・・・ 92

編集協力／有限会社マイプラン 峰山俊寛　校正／株式会社ぷれす　装丁デザイン／株式会社しろいろ
装丁イラスト／おおの麻里　本文デザイン／プラン・グラフ 大滝奈緒子　本文イラスト／西村博子

文章題名人への道！

ドリルが終わったら、番号のところに日付と点数を書いて、グラフをかこう。
80点を超えたら合格だ！まとめのページは全問正解で合格だよ！

	日付	点数	50点	合格ライン 80点	100点	合格チェック
例	4/2	90				◯
1						
2						
3						
4						
5						
6						
7						
8						
9						
10						
11						
12						
13						
14						
15						
16						
17						
18						
19						
20						
21						
22						
23						

	日付	点数	50点	合格ライン 80点	100点	合格チェック
24						
25						
26	全問正解で合格！					
27						
28						
29						
30						
31						
32						
33						
34						
35						
36						
37						
38						
39						
40						
41						
42						
43						
44						
45						
46						
47	全問正解で合格！					

この表がうまったら、合格の数をかぞえて右に書こう。

合格の数　　　個

	日 付	点 数		50点	合格ライン 80点	100点	合格チェック
48							
49							
50							
51							
52							
53							
54							
55							
56							
57							
58							
59		全問正解で合格！					
60							
61							
62							
63							
64							
65							
66							
67							
68							
69							
70							
71							

	日 付	点 数		50点	合格ライン 80点	100点	合格チェック
72							
73							
74							
75							
76							
77							
78							
79							
80							
81							
82							
83							
84		全問正解で合格！					
85							
86							
87							
88							
89							
90							
91							
92							
93							

1 文字と式
xがある式

▶▶▶ 答えは別冊1ページ

答え:1問50点

[　　　] 点

1 1辺の長さが<ruby>x<rt>エックス</rt></ruby>cmの正方形があります。この正方形の
_{1辺の長さ}　　　　　　　　　　　　　　　　_{辺の数}

まわりの長さをxを用いて式に表しましょう。

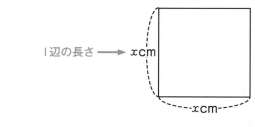

1辺の長さ ━━▶ $x$cm

$x$cm

[答え] 　□ × □ 　（cm）

　　　　1辺の長さ　　辺の数

2 オレンジジュースが10dLあります。このうち，xdLを
　　　　　　　　　　　_{全体の量}　　　　　　　　　　　　_{飲んだ量}

飲みました。残りのオレンジジュースの量をxを用いて
式に表しましょう。

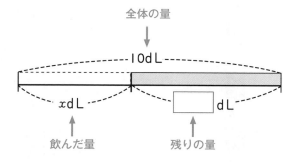

全体の量

10dL

xdL　　　□ dL

飲んだ量　　　　残りの量

[答え] 　□ 　（dL）

② 文字と式
xがある式

 理解

▶▶▶ 答えは別冊1ページ

点

12 答え:1問25点　3 式:25点　答え:25点

1 底辺が7cm，高さが$x$cmの平行四辺形があります。平行
底辺の長さ　　　　　高さ

四辺形の面積をxを用いて式に表しましょう。

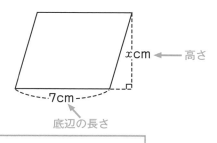
$x$cm ← 高さ
7cm
底辺の長さ

[答え] ☐ （cm²）

2 1本80円のえん筆をx本と120円の消しゴムを買った
えん筆の代金　　　　えん筆の本数　消しゴムの代金

ときの代金の合計を，xを用いて式に表しましょう。

[答え] ☐ （円）

3 縦$x$cm，横6cm，高さ3cmの直方体があります。直方
縦の長さ　　横の長さ　　高さ

体の体積をxを用いて式に表しましょう。

[式]

[答え] ☐ （cm³）

3 文字と式
x がある式

▶▶▶ 答えは別冊1ページ

答え:1問25点

[   ] 点

1 1辺の長さが x cmの正三角形があります。この正三角形のまわりの長さを x を用いて式に表しましょう。

[答え]   （cm）

2 水そうに x Lの水が入っています。このうち，8Lをくみだしました。残りの水の量を x を用いて式に表しましょう。

[答え]   （L）

3 1個70円のあめと1個 x 円のチョコレートを買ったときの代金の合計を，x を用いて式に表しましょう。

[答え]   （円）

4 1個に x dLのしょう油が入ったしょう油さしがあります。このしょう油さし5個分のしょう油の量を x を用いて式に表しましょう。

[答え]   （dL）

4 文字と式
x がある式

▶▶▶ 答えは別冊1ページ　点数

点

1 答え:10点　2 3 4 式:1問15点　答え:1問15点

1 縦 x cm，横3cmの長方形があります。長方形の面積を x を用いて式に表しましょう。

[答え]　　　　　　　　　　　　　　　　　　　　（cm²）

2 1個120円のりんごを2個と，1個150円のバナナを x 本買うとき，代金の合計を x を用いて式に表しましょう。

[式]

[答え]　　　　　　　　　　（円）

3 ノートが4冊ずつ束になって6束あります。1冊の重さが x gのとき，全部の重さを x を用いて式に表しましょう。

[式]

[答え]　　　　　　　　　　（g）

4 縦8cm，横 x cm，高さ7cmの直方体があります。直方体の体積を x を用いて式に表しましょう。

[式]

[答え]　　　　　　　　　　（cm³）

5 文字と式
xとyがある式

理解

▶▶▶ 答えは別冊1ページ

点数

答え:1問50点

点

1 3Lのジュースがあります。xL 飲むと残りは yL です。
全体の量　　　　　　　　飲んだ量　　　　　　残りの量

xとyの関係を式に表しましょう。

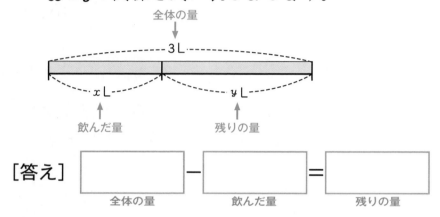

[答え]

	−		=	
全体の量		飲んだ量		残りの量

2 xL の牛乳を8日間で飲みきるとき，1日に平均 yL
全体の量　　　　　かかる日数　　　　　　　　　1日に飲む量

飲むことになります。xとyの関係を式に表しましょう。

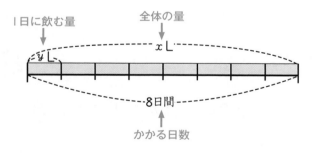

[答え]

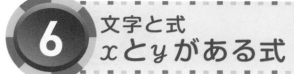
6 文字と式
xとyがある式

▶▶▶ 答えは別冊2ページ ★ 点数

1 2 答え:1問30点 3 答え:40点

点

1 底辺が12cm，高さが$x$cmの平行四辺形があります。面
底辺の長さ　　　　　高さ

積は$y$cm²です。xとyの関係を式に表しましょう。
　面積

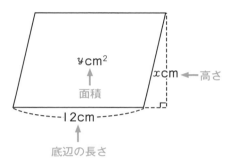

$y$cm²
面積

$x$cm ← 高さ

12cm
底辺の長さ

[答え]

2 20gのふくろにxgの重りを入れてはかると，重さはyg
ふくろの重さ　　　重りの重さ　　　　　　　　　　　全体の重さ

でした。xとyの関係を式に表しましょう。

[答え]

3 10mのひもをxmずつに分けると，y人に配ることがで
全体の長さ　　　1人分の長さ　　　　　　　配った人数

きました。xとyの関係を式に表しましょう。

[答え]

7 文字と式
x と y がある式

 答えは別冊2ページ

1 2 答え:1問20点　3 4 答え:1問30点

点

1 1辺の長さが x cmのひし形があります。ひし形のまわりの長さは y cmです。x と y の関係を式に表しましょう。

[答え]

2 x gの箱に80gのおもちゃを入れてはかると，重さは y gでした。x と y の関係を式に表しましょう。

[答え]

3 体重50kgの人と，体重 x kgの人の体重の合計は y kgでした。x と y の関係を式に表しましょう。

[答え]

4 60ページの物語を x 日間で読みます。1日平均 y ページ読むことになります。x と y の関係を式に表しましょう。

[答え]

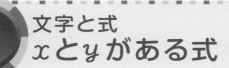

8 文字と式
xとyがある式

練習

▶▶▶ 答えは別冊2ページ

点数

点

1 2 答え:1問20点 **3 4** 式:1問15点　答え:1問15点

1 700gのねん土のうち, xg を使いました。残りは yg です。
xとyの関係を式に表しましょう。

[答え]

2 120個のあめを x個ずつ配ると, y人に配ることができました。xとyの関係を式に表しましょう。

[答え]

3 1本80円のジュースを3本と1本 x円のお茶を3本買うと, 代金の合計は y円でした。xとyの関係を式に表しましょう。

[式]

　　　　　　　　　　　[答え]

4 底辺が8cm, 高さが $x$cm の三角形があります。三角形の面積は $y$cm^2 です。xとyの関係を式に表しましょう。

[式]

　　　　　　　　　　　[答え]

9 文字と式
値を求める

理 解

▶▶▶ 答えは別冊2ページ

式:50点　答え:50点

点数

点

1 120円のエコバッグと x 円のケーキを買ったら1000円
　　エコバッグの値段　　　　　　　　ケーキの値段　　　　　　　　　　代金の合計

でした。これを x を用いた式に表し，ケーキの値段を
求めましょう。

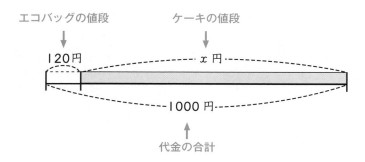

エコバッグの値段　　　　ケーキの値段

120円　　　　　　x 円

1000 円

代金の合計

[式] ☐ ＋ ☐ ＝ ☐
　　エコバッグの値段　　ケーキの値段　　代金の合計

$x=$ ☐ － ☐
　　代金の合計　　エコバッグの値段

$x=$ ☐
　　ケーキの値段

[答え] ☐ 円

10 文字と式
値を求める

▶▶▶ 答えは別冊2ページ

式:1問25点　答え:1問25点

1 xdL のジュースがあります。このうち，3dL を飲んだ
　　もとの量　　　　　　　　　　　　　　　飲んだ量

ところ，残りが6dL になりました。これを x を用いた
　　　　　　残りの量

式に表し，もとのジュースの量を求めましょう。

[式] ☐ − ☐ = ☐
　　もとの量　　　飲んだ量　　　残りの量

x = ☐ + ☐
　　残りの量　　飲んだ量

x = ☐　　　　　[答え] ☐ dL

2 1個80円のいちごを x 個買ったら，640円でした。これ
　　いちごの値段　　　　買った個数　　　　代金の合計

を x を用いた式に表し，いちごの個数を求めましょう。

[式]

[答え] ☐ 個

13

11 文字と式
値を求める

▶▶▶ 答えは別冊3ページ

式：1問15点　答え：1問10点

点

1 90円のみかんとx円のメロンを買ったら1200円でした。これをxを用いた式に表し，メロンの値段を求めましょう。

[式]　　　　　　　　　　　　[答え]

2 $x$kgの鉄アレイと2kgのペットボトルがあります。重さの合計は6kgでした。これをxを用いた式に表し，鉄アレイの重さを求めましょう。

[式]　　　　　　　　　　　　[答え]

3 xLのお茶があります。このうち，3Lを飲むと残りが8Lになります。これをxを用いた式に表し，お茶の量を求めましょう。

[式]　　　　　　　　　　　　[答え]

4 13mのリボンがあります。かざりを作るのにxm使ったところ，残りが6mになりました。これをxを用いた式に表し，使ったリボンの長さを求めましょう。

[式]　　　　　　　　　　　　[答え]

12 文字と式 値を求める

▶▶▶ 答えは別冊3ページ ★点数★

式：1問15点　答え：1問10点

[　　] 点

1 230円のキーホルダーをx個買ったら920円でした。これをxを用いた式に表し，キーホルダーの個数を求めましょう。

[式]

[答え]

2 1個$x$kgの砂ぶくろがあります。この砂ぶくろ5個の重さは75kgです。これをxを用いた式に表し，砂ぶくろの重さを求めましょう。

[式]

[答え]

3 48mの紙テープをx人で分けたところ，1人が4mもらいました。これをxを用いた式に表し，分けた人数を求めましょう。

[式]

[答え]

4 x本の色えん筆を8人で分けたところ，1人が13本もらいました。これをxを用いた式に表し，色えん筆の本数を求めましょう。

[式]

[答え]

13 分数のかけ算
整数と分数

理　解

▶▶▶ 答えは別冊3ページ

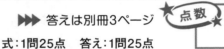

式：1問25点　答え：1問25点

点数

点

---

1 1個のコップに水が $\frac{2}{9}$ L 入っています。この

<u>　　　　　　　　　</u>
コップ1個分の水の量

コップ4個分の水の量は全部で何 L ですか。

<u>　　　　　　</u>
コップの個数

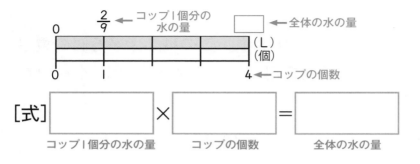

0　　$\frac{2}{9}$　←コップ1個分の水の量　　□ ←全体の水の量

(L)
(個)

0　　1　　　　　4 ←コップの個数

[式] □ × □ = □

コップ1個分の水の量　　コップの個数　　全体の水の量

[答え] □ 　L

---

2 1dLで, 板を $\frac{3}{7}$ m²ぬることができるペンキがあります。

<u>　　　　　</u>
1dLでぬれる面積

このペンキ5dL では, 板を何m²ぬることができますか。

<u>　　　　　</u>
使うペンキの量

0　　$\frac{3}{7}$ ← 1dLでぬれる面積　　□ ←5dLでぬれる面積

(m²)
(dL)

0　　1　　　　　5 ← 使うペンキの量

[式]

[答え] □ 　m²

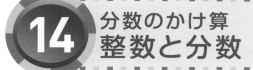

▶▶▶ 答えは別冊3ページ 点数 ★

点

1 式:20点　答え:10点　**2 3** 式:1問20点　答え:1問15点

1 1ふくろに砂糖が $\dfrac{1}{6}$ kg入っています。このふくろ3個分

（1ふくろ分の重さ）（ふくろの個数）

の砂糖の重さは何kgですか。

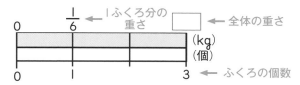

[式]

[答え] ◯◯◯ kg

2 $\dfrac{1}{4}$ mずつに切ったひもを8人に配りました。ひもは全部

（1人分のひもの長さ）（配った人数）

で何m使いましたか。

[式]

[答え] ◯◯◯ m

3 1本8mの紙テープがあります。この紙テープの $\dfrac{5}{6}$ は

（全体の長さ）（求める割合）

何mですか。

[式]

[答え] ◯◯◯ m

15 分数のかけ算
整数と分数

▶▶▶ 答えは別冊4ページ

式：1問15点　答え：1問10点

点数 □ **点**

1 1ふくろに食塩が $\frac{1}{8}$ kg入っています。このふくろ5個の食塩の重さは何kgですか。

[式]

　　　　　　　　　　　[答え]

2 1本で $\frac{2}{7}$ mのテープがあります。このテープ3本の長さは合わせて何mですか。

[式]

　　　　　　　　　　　[答え]

3 1本が $\frac{4}{5}$ Lのアップルジュースがあります。このアップルジュース4本では何Lですか。

[式]

　　　　　　　　　　　[答え]

4 1mの重さが $\frac{4}{9}$ kgの鉄の棒があります。この鉄の棒5mの重さは何kgですか。

[式]

　　　　　　　　　　　[答え]

16 分数のかけ算
整数と分数

▶▶▶ 答えは別冊4ページ

式:1問15点　答え:1問10点

点数 [　　　]点

1 1本に $\dfrac{3}{4}$ Lのお茶が入ったペットボトルがあります。
このペットボトル6本のお茶は何Lですか。

[式]

[答え]

2 1個 $\dfrac{1}{3}$ kgの重りがあります。この重り9個の重さは何kg
ですか。

[式]

[答え]

3 1mで12円の針金(はりがね)があります。この針金 $\dfrac{1}{6}$ mの値段(ねだん)は
いくらですか。

[式]

[答え]

4 1Lで, かべを15m²ぬることができるペンキがあります。
このペンキ $\dfrac{3}{5}$ Lでは, かべを何m²ぬることができます
か。

[式]

[答え]

17 分数のかけ算
分数と分数①

理 解

▶▶▶ 答えは別冊4ページ 点数

点

式：1問25点　答え：1問25点

1 1mで $\frac{4}{7}$ kgの鉄の棒（ぼう）があります。この鉄の棒 $\frac{2}{3}$ mでは

1mの重さ　　　　　　　　　　　　　　　鉄の棒の長さ

何kgですか。

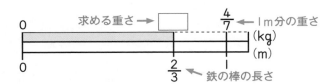

[式]

| | × | | = | |

　1mの重さ　　　　　鉄の棒の長さ　　　　求める重さ

[答え] □ kg

2 びんにオレンジジュースが $\frac{7}{5}$ Lあります。このびんの

全体の量

$\frac{3}{4}$ のオレンジジュースは何Lですか。

求める割合（わりあい）

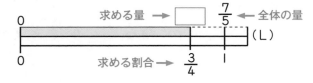

[式]

[答え] □ L

18 分数のかけ算
分数と分数①

▶▶▶ 答えは別冊4ページ

点数 ⬜ **点**

1 式：20点　答え：10点　**2 3** 式：1問20点　答え：1問15点

1 縦 $\dfrac{5}{8}$ m，横 $\dfrac{3}{2}$ m の長方形の板があります。この板の面積は何 m² ですか。

縦の長さ　横の長さ

横の長さ
$\frac{3}{2}$m
$\frac{5}{8}$m ← 縦の長さ

[式]

[答え] ⬜ m²

2 1分間に $\dfrac{7}{3}$ L の水が出るホースがあります。このホース

1分間に出る量

を $\dfrac{3}{8}$ 分間使うと，水は何 L 出ますか。

使う時間

[式]　　　　　　　[答え] ⬜ L

3 $\dfrac{15}{8}$ kg の小麦粉があります。1kg の小麦粉を使ってパンを

全部の量

作るのに $\dfrac{4}{3}$ kg の砂糖を使います。全部の小麦粉を使っ

1kgで必要な量

てパンを作るとき，何kgの砂糖が必要ですか。

[式]

[答え] ⬜ kg

19 分数のかけ算
分数と分数①

▶▶▶ 答えは別冊4ページ

式：1問15点　答え：1問10点

点

1 1dLで，$\dfrac{4}{7}$m²の板をぬることができるペンキがあります。このペンキ$\dfrac{2}{3}$dLでは，板を何m²ぬることができますか。

［式］

　　　　　　　　　　　　　　　　　［答え］

2 縦$\dfrac{5}{6}$m，横$\dfrac{1}{4}$mの長方形があります。この長方形の面積は何m²ですか。

［式］

　　　　　　　　　　　　　　　　　［答え］

3 $\dfrac{5}{9}$Lのしょう油があります。このうち，$\dfrac{3}{5}$を料理に使いました。料理に使ったしょう油は何Lですか。

［式］

　　　　　　　　　　　　　　　　　［答え］

4 1mで$\dfrac{3}{10}$kgの銅線があります。この銅線$\dfrac{2}{7}$mの重さは何kgですか。

［式］

　　　　　　　　　　　　　　　　　［答え］

20 分数のかけ算
分数と分数①

▶▶▶ 答えは別冊5ページ

点数

点

式：1問15点　　答え：1問10点

1 1mで重さが $\frac{6}{7}$ gのテープがあります。このテープ $\frac{8}{5}$ m
の重さは何gですか。

[式]

　　　　　　　　　　　　[答え]

2 A駅からB駅まで時速 $6\frac{2}{3}$ kmの速さで歩いて18分かか
ります。A駅からB駅までの道のりは何kmですか。

[式]

　　　　　　　　　　　　[答え]

3 1cm³で $\frac{3}{5}$ gの物体があります。この物体 $\frac{25}{6}$ cm³の重さ
は何gですか。

[式]

　　　　　　　　　　　　[答え]

4 1分間で $\frac{18}{7}$ Lの水をくみだすことができるポンプがあり
ます。このポンプを $\frac{14}{3}$ 分間使うと，何Lの水をくみだ
すことができますか。

[式]

　　　　　　　　　　　　[答え]

21 分数のかけ算
分数と分数②

▶▶▶ 答えは別冊5ページ

★点数★

式：1問25点　答え：1問25点

[　] 点

1 1mで $\frac{4}{5}$ kgの鉄パイプがあります。この鉄パイプ1$\frac{1}{2}$ m
<u>1mの重さ</u>　　　　　　　　　　　　　　　　　<u>鉄パイプの長さ</u>

の重さは何kgですか。

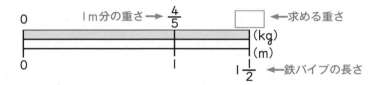

[式] [　] × [　] = [　]
　　1m分の重さ　　鉄パイプの長さ　　求める重さ

[答え] [　] kg

2 1人に1$\frac{4}{9}$ mのリボンを配ります。6人に配るとき，
<u>1人分の長さ</u>　　　　　　　　　　　　<u>配る人数</u>

全部で何mのリボンが必要ですか。

[式]

[答え] [　] m

22 分数のかけ算
分数と分数②

▶▶▶ 答えは別冊5ページ ★点数★

点

■1 式：20点　答え：10点　■2 ■3 式：1問20点　答え：1問15点

1 1分間に$1\frac{2}{3}$回転する風車があります。この風車は
　　　　　 ─────
　　　　　 1分間の回転数

$\frac{7}{10}$分間で何回転しますか。
───
回転する時間

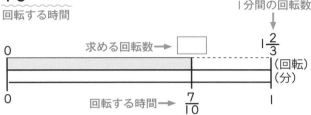

　　　　　　　　　　　　　　　　1分間の回転数

[式]

　　　　　　　[答え]　　　　　　　回転

2 1分間に**24L**の水が出るじゃ口があります。このじゃ口
　　　　　 ─────
　　　　　 1分間の水の量

を$1\frac{5}{12}$分間開けると何Lの水が出ますか。
　 ───
　 開ける時間

[式]

　　　　　　　[答え]　　　　　　　L

3 1m²で$2\frac{2}{5}$kgのじゅうたんがあります。このじゅうたん
　　　　　　 ─────
　　　　　　 1m²分の重さ

$1\frac{2}{3}$m²の重さは何kgですか。
　 ───
　 面積

[式]

　　　　　　　[答え]　　　　　　　kg

23 分数のかけ算
分数と分数②

練習

▶▶▶ 答えは別冊5ページ ★点数★

式:1問15点　答え:1問10点

点

---

1 1mで$\dfrac{7}{8}$kgのアルミの棒があります。このアルミの棒
1$\dfrac{2}{3}$mの重さは何kgですか。

[式]

[答え]

---

2 1dLで，$\dfrac{3}{4}$m²のかべをぬることができるペンキがあります。このペンキ2$\dfrac{4}{5}$dLでは何m²のかべをぬることができますか。

[式]

[答え]

---

3 分速18kmの速さでチーターが4$\dfrac{1}{4}$秒間走りました。
チーターの走った道のりは何mですか。

[式]

[答え]

---

4 1人に1$\dfrac{1}{8}$Lずつグレープジュースを配ります。4人に配るとき，全部で何Lのグレープジュースが必要ですか。

[式]

[答え]

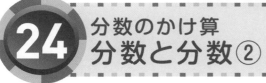

▶▶▶ 答えは別冊5ページ

式：1問15点　答え：1問10点

1 1個で重さが$2\frac{7}{9}$kgの砂ぶくろがあります。この砂ぶくろ12個の重さは何kgですか。

[式]

[答え]

2 1mで$1\frac{5}{12}$kgの鉄の棒があります。この鉄の棒$\frac{4}{7}$mの重さは何kgですか。

[式]

[答え]

3 水そうの水を1分間に$2\frac{7}{10}$Lずつぬきます。$\frac{2}{9}$分間で何Lの水をぬくことができますか。

[式]

[答え]

4 1m²で2kgの板があります。この板$2\frac{3}{5}$m²の重さは何kgですか。

[式]

[答え]

25 分数のかけ算
分数と分数②

▶▶▶ 答えは別冊6ページ

点数

点

式：1問15点　答え：1問10点

1 1Lのガソリンで18km走る自動車があります。ガソリンが$2\frac{3}{8}$Lのとき，自動車は何km走ることができますか。

[式]

[答え]

2 1kgで$4\frac{2}{3}$mの針金（はりがね）があります。この針金$1\frac{1}{7}$kgの長さは何mですか。

[式]

[答え]

3 縦（たて）$3\frac{3}{5}$m，横$2\frac{1}{3}$mの長方形の花だんがあります。この花だんの面積は何m²ですか。

[式]

[答え]

4 1mのつなを作るのに$2\frac{2}{11}$mの縄が必要です。$8\frac{1}{4}$mのつなを作るには，何mの縄が必要ですか。

[式]

[答え]

26 分数のかけ算のまとめ
パズルゲーム

▶▶▶ 答えは別冊6ページ

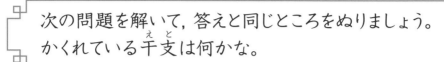

次の問題を解いて，答えと同じところをぬりましょう。
かくれている干支は何かな。

※同じ数字のパズルが複数あります。

[1] 1個が $\dfrac{5}{7}$ kgのスイカがあります。このスイカ2個の重さは何kgですか。

[2] 1mで $\dfrac{11}{12}$ kgの鉄パイプがあります。この鉄パイプ $\dfrac{9}{5}$ m の重さは何kgですか。

[3] 縦 $3\dfrac{1}{2}$ cm，横 $1\dfrac{1}{3}$ cmの長方形があります。この長方形の面積は何cm²ですか。

$\dfrac{7}{10}$		$\dfrac{33}{20}$		9		$\dfrac{5}{6}$	9	$\dfrac{5}{6}$
	$\dfrac{10}{7}$	$\dfrac{7}{3}$	$\dfrac{10}{7}$	$\dfrac{13}{10}$	$\dfrac{7}{3}$ $\dfrac{14}{3}$	$\dfrac{7}{6}$ $\dfrac{33}{20}$	$\dfrac{11}{9}$	
		$\dfrac{33}{20}$						$\dfrac{14}{3}$ $\dfrac{14}{9}$
$\dfrac{3}{10}$	3			$\dfrac{7}{3}$	3	2		
$\dfrac{7}{10}$	2	$\dfrac{14}{3}$		$\dfrac{13}{10}$	$\dfrac{11}{20}$		$\dfrac{33}{20}$	$\dfrac{7}{6}$
$\dfrac{3}{10}$		2	3		$\dfrac{7}{3}$		$\dfrac{21}{5}$	

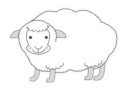

正解は ☐

29

分数のわり算
整数と分数のわり算

 理解

▶▶▶ 答えは別冊6ページ　　★点数★

点

式：1問25点　　答え：1問25点

1 4mの重さが $\frac{6}{5}$ kgの鉄の棒があります。この鉄の棒

_{1mの4倍}　　_{4mの重さ}

1mの重さは何kgですか。

[式] □ ÷ □ = □

　　4mの重さ　　　1mの4倍　　　1mの重さ

[答え] □ kg

2 3dLで, $\frac{15}{4}$ m²のかべをぬることができるペンキがあり

_{1dLの3倍}　　_{3dLでぬれる面積}

ます。このペンキ1dLでは, 何m²のかべをぬることが
できますか。

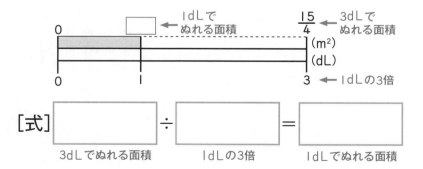

[式] □ ÷ □ = □

　3dLでぬれる面積　　1dLの3倍　　　1dLでぬれる面積

[答え] □ m²

分数のわり算
整数と分数のわり算

 理解

▶▶▶ 答えは別冊6ページ ★点数★

1 式：20点　答え：10点　2 3 式：20点　答え：15点

点

1 じゃ口から5分間に $1\frac{7}{8}$ L の水を出しました。1分間に出

1分間の5倍　　5分間に出た水の量

た水の量は何 L ですか。

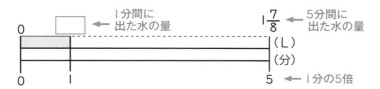

[式]

[答え]　　　　　　　 L

2 4L の重さが $\frac{32}{9}$ kg の油があります。この油1L の重さは

1Lの4倍　　4Lの重さ

何 kg ですか。

[式]

[答え]　　　　　　　 kg

3 縦が6cm，面積が $16\frac{2}{7}$ cm² の長方形があります。この

縦の長さ　　面積＝縦×横

長方形の横の長さは何 cm ですか。

[式]

[答え]　　　　　　　 cm

29 分数のわり算
整数と分数のわり算

▶▶▶ 答えは別冊7ページ

式：1問15点　答え：1問10点

点

---

1 3mで$\dfrac{15}{2}$kgの木の棒^{ぼう}があります。この木の棒1mの重さは何kgですか。

[式]

[答え]

---

2 水そうに$\dfrac{3}{4}$分間で8Lの水を入れました。1分間では何Lの水が入りますか。

[式]

[答え]

---

3 $\dfrac{5}{6}$Lのガソリンで15km走ることができる自動車があります。この自動車は1Lのガソリンで何km走ることができますか。

[式]

[答え]

---

4 横が9cm，面積が$22\dfrac{1}{2}$cm²の長方形があります。この長方形の縦^{たて}は何cmですか。

[式]

[答え]

30 分数のわり算
整数と分数のわり算

▶▶▶ 答えは別冊7ページ

式：1問15点　答え：1問10点

点

1 長さが $\dfrac{28}{3}$ mのリボンを4等分しました。1本の長さは何mですか。

[式]

[答え]

2 $\dfrac{12}{17}$ m²のへいにペンキをぬるのに，ペンキを6dL使います。このペンキ1dLでは何m²ぬることができますか。

[式]

[答え]

3 750mを $\dfrac{5}{11}$ 分で走る車があります。この速さで1分間進むと，進む道のりは何mですか。

[式]

[答え]

4 高さが8cm，面積が $26\dfrac{2}{3}$ cm²の平行四辺形があります。この平行四辺形の底辺は何cmですか。

[式]

[答え]

31 分数のわり算
分数のわり算

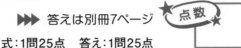

▶▶▶ 答えは別冊7ページ　点数

式:1問25点　答え:1問25点　　　　　点

1 $\frac{6}{7}$mで$\frac{2}{9}$kgの木の棒があります。この木の棒1mの重さ

1mの$\frac{6}{7}$倍　$\frac{6}{7}$m分の重さ

は何kgですか。

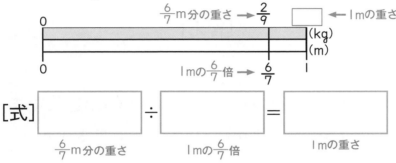

[式] ☐ ÷ ☐ = ☐

　$\frac{6}{7}$m分の重さ　　1mの$\frac{6}{7}$倍　　1mの重さ

[答え] ☐ kg

2 $\frac{7}{4}$dLで，$\frac{5}{6}$m²のかべをぬることができるペンキがあ

1dLの$\frac{7}{4}$倍　$\frac{7}{4}$dLでぬれる面積

ります。このペンキ1dLでは，何m²のかべをぬること
ができますか。

1dLでぬれる面積 → ☐　　$\frac{5}{6}$ ← $\frac{7}{4}$dLでぬれる面積

(m²)
(dL)
0　　1　　$\frac{7}{4}$ ← 1dLの$\frac{7}{4}$倍

[式]

[答え] ☐ m²

32 分数のわり算
分数のわり算

理解

▶▶▶ 答えは別冊7ページ 点数

[ ]点

1式：20点 答え：10点 **2****3**式：1問20点 答え：1問15点

1 4mの重さが $\frac{8}{3}$ kgのアルミパイプがあります。このアル

ミパイプ1mの重さは何kgですか。

[式]

[答え] [ ] kg

2 $1\frac{1}{5}$ 分間に $\frac{6}{7}$ Lのわき水が出ます。1分間に出るわき水

の量は何Lですか。

[式]

[答え] [ ] L

3 縦が $1\frac{3}{4}$ cm，面積が2.8cm² の長方形があります。この

長方形の横の長さは何cmですか。

[式]

[答え] [ ] cm

35

33 分数のわり算
分数のわり算

▶▶▶ 答えは別冊8ページ

点数

点

式：1問15点　答え：1問10点

1 $\dfrac{3}{4}$kgで$\dfrac{7}{8}$mの鉄の棒があります。この鉄の棒1kgの
長さは何mですか。

[式]

[答え]

2 まきさんの妹は，4kmの道のりを時速$\dfrac{5}{6}$kmの速さで
進みました。妹がかかった時間は，何時間何分ですか。

[式]

[答え]

3 $\dfrac{9}{8}$gで1cmのひもがあります。このひも1gの長さは何cm
になりますか。

[式]

[答え]

4 水そうに水を入れるのに，$\dfrac{3}{10}$分間で2.4Lの水が入りま
した。1分間に入れた水の量は何Lですか。

[式]

[答え]

34 分数のわり算
分数のわり算

▶▶▶ 答えは別冊8ページ

式：1問15点　答え：1問10点

1 $\frac{4}{3}$ kmの道のりを自動車で分速 $\frac{2}{5}$ kmの速さで進みました。かかった時間は何秒ですか。

[式]

[答え]

2 $\frac{12}{7}$ kgで8mの銅線があります。この銅線1mの重さは何kgですか。

[式]

[答え]

3 底辺が $2\frac{2}{3}$ cm，面積が $5\frac{1}{4}$ cm² の平行四辺形があります。この平行四辺形の高さは何cmですか。

[式]

[答え]

4 $1\frac{2}{3}$ gの洗ざいを使うのに7.8Lの水が必要です。1gの洗ざいを使うのに何Lの水が必要ですか。

[式]

[答え]

35 分数のわり算
分数の倍とかけ算・わり算①

▶▶▶ 答えは別冊8ページ

式：1問25点　答え：1問25点

1 $\frac{3}{4}$kgを1とみると，$\frac{7}{8}$kgはどれだけになりますか。

もとの重さ　　　　　　　　　ある重さ

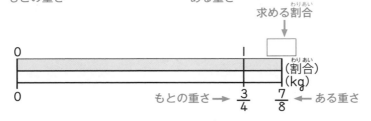

求める割合

0　　　　　　　　　　　　1

(割合)
(kg)

0　　　もとの重さ→ $\frac{3}{4}$　$\frac{7}{8}$ ←ある重さ

[式] 　□ ÷ □ = □

ある重さ　　　もとの重さ　　　求める割合

[答え] □

2 赤い糸が $\frac{8}{9}$mと青い糸が $\frac{2}{3}$mあります。青い糸の長さ

もとの長さ　　　ある長さ

は赤い糸の長さの何倍ですか。

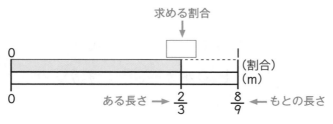

求める割合

0　　　　　　　　　　1

(割合)
(m)

0　　ある長さ→ $\frac{2}{3}$　$\frac{8}{9}$ ←もとの長さ

[式]

[答え] □ 倍

36 分数のわり算
分数の倍とかけ算・わり算①

 理解

▶▶▶ 答えは別冊8ページ

点数

点

1 式：20点　答え：10点　**2** **3** 式：1問20点　答え：1問15点

$\frac{5}{8}$kgの米と1$\frac{1}{4}$kgの牛肉があります。米の重さは，牛

ある重さ　　　もとの重さ

肉の重さの何倍ですか。

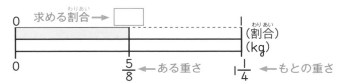

求める割合 →

0 ⎯⎯⎯⎯⎯⎯⎯ $\frac{5}{8}$ ← ある重さ ⎯ 1$\frac{1}{4}$ ← もとの重さ

(割合)
(kg)

[式]

[答え] ☐ 倍

2 しんじさんは2$\frac{4}{5}$mの紙テープを持っています。りょう

ある長さ

たさんは$\frac{7}{10}$mの紙テープを持っています。しんじさんは，

もとの長さ

りょうたさんの何倍の長さの紙テープを持っていますか。

[式]

[答え] ☐ 倍

3 トマトジュースが2$\frac{4}{5}$L，オレンジジュースが1$\frac{3}{4}$L

もとの量　　　　　　　　　　　ある量

あります。オレンジジュースの量は，トマトジュースの

量の何倍ですか。

[式]

[答え] ☐ 倍

37 分数のわり算
分数の倍とかけ算・わり算①

▶▶▶ 答えは別冊9ページ ★点数★

式：1問15点　答え：1問10点

点

1 $\dfrac{3}{8}$ dLを1とみると，$\dfrac{6}{7}$ dLはどれだけになりますか。

［式］

　　　　　　　　　　　　　　［答え］

2 $\dfrac{5}{12}$ cmを1とみると，$\dfrac{5}{9}$ cmはどれだけにあたりますか。

［式］

　　　　　　　　　　　　　　［答え］

3 $\dfrac{8}{3}$ mの赤いリボンと$\dfrac{5}{6}$ mの青いリボンがあります。赤いリボンの長さを1とみると，青いリボンの長さはどれだけにあたりますか。

［式］

　　　　　　　　　　　　　　［答え］

4 A市からB市までの道のりは$\dfrac{10}{7}$ km，B市からC市までの道のりは$1\dfrac{1}{4}$ kmです。A市からB市までの道のりは，B市からC市までの道のりの何倍ですか。

［式］

　　　　　　　　　　　　　　［答え］

▶▶▶ 答えは別冊9ページ ★点数★

式：1問15点　　答え：1問10点

点

1 牛肉が$5\frac{1}{4}$kgとぶた肉が$\frac{5}{2}$kgあります。ぶた肉の重さは，牛肉の重さの何倍ですか。

[式]

[答え]

2 2本の対角線の長さが$2\frac{1}{3}$cmと$4\frac{1}{5}$cmのひし形があります。長い方の対角線の長さは，短い方の対角線の長さの何倍ですか。

[式]

[答え]

3 つよしさんは$3\frac{1}{3}$dLの牛乳（ぎゅうにゅう）を飲みました。こういちさんは$2\frac{3}{4}$dLの牛乳を飲みました。つよしさんは，こういちさんの何倍の牛乳を飲みましたか。

[式]

[答え]

4 $6\frac{3}{4}$mの鉄パイプと$2\frac{5}{8}$mのアルミパイプがあります。アルミパイプの長さは，鉄パイプの長さの何倍ですか。

[式]

[答え]

 理解

39 分数のわり算
分数の倍とかけ算・わり算②

▶▶▶ 答えは別冊9ページ

点数 ★

点

式：1問25点　答え：1問25点

1 えん筆の値段は80円です。消しゴムの値段は，えん筆の

ねだん

1とみる

$\dfrac{3}{2}$倍です。消しゴムの値段は何円ですか。

1に対する割合 わりあい

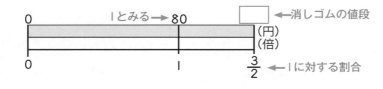

[式]

	×		=	
1とみる値段		1に対する割合		消しゴムの値段

[答え] ◯◯◯◯◯ 円

2 6kgを1とみると，$\dfrac{2}{3}$にあたる重さは何kgですか。

1とみる　　　　　　　1に対する割合

[式]

[答え] ◯◯◯◯◯ kg

40 分数のわり算
分数の倍とかけ算・わり算②

理 解

▶▶▶ 答えは別冊9ページ　★点数★

点

1 式：20点　答え：10点　**2** **3** 式：1問20点　答え：1問15点

1 赤いリボンの長さは $\frac{7}{9}$ mです。青いリボンの長さは，

1とみる

赤いリボンの長さの $\frac{3}{7}$ 倍です。青いリボンは何mですか。

1に対する割合

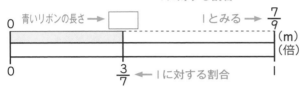

青いリボンの長さ →　　　　　1とみる → $\frac{7}{9}$

0　　　　　　　　　　　　　　　　(m)
　　　　　　　　　　　　　　　　(倍)

0　　　　$\frac{3}{7}$ ← 1に対する割合　　1

[式]　　　　　　　　　　[答え] 　　　　　m

2 りんごジュースが $1\frac{7}{8}$ Lあります。オレンジジュースの

1とみる

量はその $\frac{4}{9}$ 倍です。オレンジジュースは何Lありますか。

1に対する割合

[式]　　　　　　　　　　[答え] 　　　　　L

3 みかんが $5\frac{1}{3}$ kgあります。なしは，みかんの $2\frac{1}{4}$ 倍の重

1とみる　　　　　　　　　　　　　1に対する割合

さです。なしは何kgありますか。

[式]　　　　　　　　　　[答え] 　　　　　kg

勉強した日　　○月　○日

▶▶▶ 答えは別冊9ページ

式：1問15点　　答え：1問10点

点数

点

1 バス代は210円です。電車代はバス代の$\dfrac{5}{3}$倍です。電車代は何円ですか。

［式］

　　　　　　　　　　　　　　［答え］

2 あきさんの組の人数は36人です。ゆみさんの組の人数は、あきさんの組の人数の$\dfrac{8}{9}$倍です。ゆみさんの組の人数は何人ですか。

［式］

　　　　　　　　　　　　　　［答え］

3 Aの歯車の歯の数は49です。Bの歯車の歯の数は、Aの歯車の歯の数の$\dfrac{5}{7}$倍です。Bの歯車の歯の数はいくつですか。

［式］

　　　　　　　　　　　　　　［答え］

4 8cmを1とみると、$\dfrac{3}{4}$にあたる長さは何cmですか。

［式］

　　　　　　　　　　　　　　［答え］

42 分数のわり算
分数の倍とかけ算・わり算②

 練 習

▶▶▶ 答えは別冊10ページ 　点数

式：1問15点　答え：1問10点

1 100mを1とみると，$\dfrac{5}{4}$にあたる長さは何mですか。

[式]

[答え]

2 18dLを1とみると，$\dfrac{8}{3}$にあたる量は何dLですか。

[式]

[答え]

3 米が$\dfrac{4}{5}$kgあります。小麦粉の重さは，米の重さの$\dfrac{1}{2}$倍です。小麦粉の重さは何kgですか。

[式]

[答え]

4 油が$\dfrac{3}{7}$Lあります。水の量は，油の量の$\dfrac{5}{6}$倍です。水の量は何Lですか。

[式]

[答え]

43 分数のわり算
分数の倍とかけ算・わり算③

 理解

▶▶▶ 答えは別冊10ページ ★点数★

式：1問25点　答え：1問25点

点

1 $\frac{5}{7}$dL で $\frac{7}{10}$m² のかべをぬることができるペンキがあり

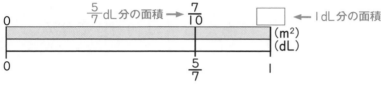
1dLの$\frac{5}{7}$倍　$\frac{5}{7}$dL分の面積

ます。このペンキ1dLでは，何m²のかべをぬることが

xm²

できますか。

0　　　$\frac{5}{7}$dL分の面積 → $\frac{7}{10}$　　　　□ ← 1dL分の面積

(m²)
(dL)

0　　　　　　　$\frac{5}{7}$　　　1

[式]
□ × □ = □

1dL分の面積→xとおく　　　倍　　　$\frac{5}{7}$dL分の面積

□ ÷ □ = □

$\frac{5}{7}$dL分の面積　　　倍　　　1dL分の面積

[答え] □ m²

2 720円の雑誌を買いました。この雑誌の値段は，小説の

小説の$\frac{8}{5}$倍にあたる値段

値段の $\frac{8}{5}$ 倍です。小説の値段は何円ですか。

1に対しての割合　　　1とみる→x円

0　小説の値段→□　　　720 ← 雑誌の値段

(円)
(割合)

0　　　　　　1　　　$\frac{8}{5}$

[式]

[答え]  円

44 分数のわり算
分数の倍とかけ算・わり算③

理解

▶▶▶ 答えは別冊10ページ

点数

式：1問25点　答え：1問25点

点

1 こうすけさんの体重は48kgです。こうすけさんの体重は，

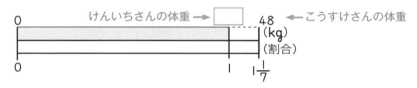
けんいちさんの1$\frac{1}{7}$倍にあたる体重

けんいちさんの体重の1$\frac{1}{7}$倍です。けんいちさんの体重

1とみる→$x$kg　　　　　1に対する割合

は何kgですか。

```
0        けんいちさんの体重→ □  48  ←こうすけさんの体重
                                 (kg)
                                 (割合)
0                          1   1 1/7
```

[式]

[答え] □ kg

2 よしおさんのバッグの重さは1$\frac{3}{5}$kgです。よしおさんの

けんたさんのバッグの$\frac{4}{9}$倍にあたる重さ

バッグの重さは，けんたさんのバッグの重さの$\frac{4}{9}$倍です。

1に対する割合

けんたさんのバッグの重さは何kgですか。

1とみる→$x$kg

[式]

[答え] □ kg

45 分数のわり算
分数の倍とかけ算・わり算③

▶▶▶ 答えは別冊10ページ

式：1問15点　答え：1問10点

点数

点

1 $\frac{3}{10}$ Lの油があります。油の量は，水の量の$\frac{4}{5}$倍にあたります。水の量は何Lですか。

[式]

　　　　　　　　　　　　　　[答え]

2 赤い糸の長さは$\frac{5}{12}$mです。赤い糸の長さは，白い糸の長さの$\frac{11}{6}$倍です。白い糸の長さは何mですか。

[式]

　　　　　　　　　　　　　　[答え]

3 犬とねこのいるペットショップがあります。ねこの数は12ひきです。これは，ペットショップ全体の犬とねこの数の$\frac{4}{13}$にあたります。ペットショップ全体の犬とねこの数は何びきですか。

[式]

　　　　　　　　　　　　　　[答え]

4 クラスで野球が好きな人が24人います。これは，クラス全体の人数の$\frac{12}{19}$にあたります。クラス全体の人数は何人ですか。

[式]

　　　　　　　　　　　　　　[答え]

46 分数のわり算
分数の倍とかけ算・わり算③

▶▶▶ 答えは別冊11ページ　点数

式：1問15点　答え：1問10点　　　　点

1 面積が6m²の花だんがあります。花だんの面積は，水たまりの面積の$6\frac{1}{4}$倍です。水たまりの面積は何m²ですか。

[式]

[答え]

2 ピーマンが$1\frac{1}{3}$kg，にんじんが$\frac{1}{6}$kgあります。にんじんの重さは，ピーマンの重さの何倍ですか。

[式]

[答え]

3 だいすけさんは，$1\frac{2}{5}$mの紙テープを持っています。だいすけさんの紙テープは，ゆかりさんの紙テープの$2\frac{1}{10}$倍の長さです。ゆかりさんは，何mの紙テープを持っていますか。

[式]

[答え]

4 $2\frac{2}{3}$mの赤いリボンがあります。赤いリボンの長さは，青いリボンの長さの$1\frac{5}{6}$倍です。青いリボンの長さは何mですか。

[式]

[答え]

47 分数のわり算のまとめ
暗号ゲーム

▶▶▶ 答えは別冊11ページ

次の問題を解いて，①～④の順に答えの文字を書きましょう。どんな言葉が出てくるかな。

1 $\frac{1}{6}$ m²で $\frac{2}{3}$ kgの板があります。この板1m²の重さは何kgですか。

2 $\frac{5}{4}$ kgで $\frac{15}{8}$ mの鉄パイプがあります。この鉄パイプ1kgの長さは何mですか。

3 赤いテープは $1\frac{1}{5}$ m，青いテープは $\frac{3}{2}$ mです。赤いテープの長さは，青いテープの長さの何倍ですか。

4 $2\frac{5}{8}$ mの銅線があります。銅線の長さは，糸の長さの $1\frac{11}{16}$ 倍です。糸の長さは何mですか。

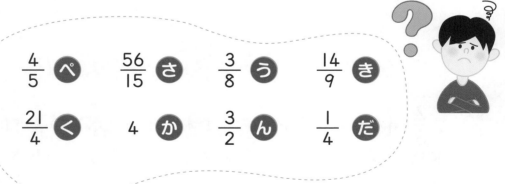

$\frac{4}{5}$ ぺ　　$\frac{56}{15}$ さ　　$\frac{3}{8}$ う　　$\frac{14}{9}$ き

$\frac{21}{4}$ く　　4 か　　$\frac{3}{2}$ ん　　$\frac{1}{4}$ だ

答え   ！

1 　2 　3 　4

48 比と比の値
比の一方の量を求める

▶▶▶ 答えは別冊11ページ

点数

式:1問25点　答え:1問25点

点

1 水と食塩を，重さの比が5：2になるように混ぜて食塩水
　　　　　　　重さの割合
を作ります。水を100g使うとき，食塩は何g必要ですか。

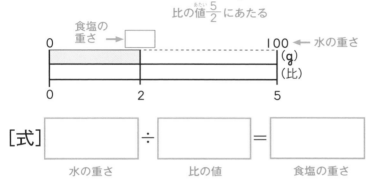

[式] ☐ ÷ ☐ = ☐
　　　水の重さ　　　比の値　　　食塩の重さ

[答え] ☐ g

2 縦と横の長さの比が3：4の長方形があります。縦の長さ
　　　　　　　　長さの割合
が60cmのとき，横の長さは何cmですか。

比の値 $\frac{3}{4}$ にあたる

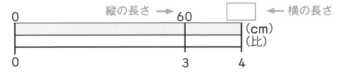

[式]

[答え] ☐ cm

49 比と比の値
比の一方の量を求める

▶▶▶ 答えは別冊11ページ

点数

式：1問25点　　答え：1問25点

点

1 あるクラスの男子と女子の人数の比は3：1です。女子の
（人数の割合）
人数が12人のとき，男子の人数は何人ですか。
（1にあたる）

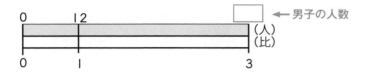

0　　　12　　　　　　　　　　　　　　　←男子の人数
　　　　　　　　　　　　　　　　　　　（人）
　　　　　　　　　　　　　　　　　　　（比）
0　　　1　　　　　　　　　　　　3

[式]

[答え] ⬚ 人

2 ケーキを作るのに，小麦粉と砂糖を重さの比が5：3にな
（重さの割合）
るように混ぜます。砂糖を85.5g使うとき，小麦粉は
（3にあたる）
何g必要ですか。

[式]

[答え] ⬚ g

50 比と比の値
比の一方の量を求める

▶▶▶ 答えは別冊12ページ

式：1問15点　答え：1問10点

| | 点 |

1 あるクラスの男子と女子の人数の比は4：5です。男子の人数が32人のとき，女子の人数は何人ですか。

[式]

[答え]

2 図書室にある小説と図かんの数の比は5：2です。図かんが12冊あるとき，小説は何冊ありますか。

[式]

[答え]

3 ただしさんとお父さんの体重の比は8：15です。お父さんの体重が75kgのとき，ただしさんの体重は何kgですか。

[式]

[答え]

4 AさんとBさんが3：4の割合でお金を出しあって本を買いました。Bさんが840円を出したとき，Aさんは何円出しましたか。

[式]

[答え]

51 比と比の値
比の一方の量を求める

▶▶▶ 答えは別冊12ページ

式：1問15点　答え：1問10点

点

1 赤色と黄色のペンキを体積の比が9：4になるように混ぜます。黄色のペンキを10.8cm³使うとき，赤色のペンキは何cm³必要ですか。

[式]

[答え]

2 卵Aと卵Bの重さの比は33：29です。卵Bの重さが52.2gのとき，卵Aの重さは何gですか。

[式]

[答え]

3 青い紙テープと赤い紙テープの長さの比は7：6です。青い紙テープの長さが14mのとき，赤い紙テープの長さは何mですか。

[式]

[答え]

4 底辺と高さの比が8：3になるような平行四辺形を作ります。底辺の長さが24cmのとき，高さは何cmですか。

[式]

[答え]

52 比と比の値
比の一方の量を求める

▶▶▶ 答えは別冊12ページ

式：1問15点　答え：1問10点

点

1 鉄パイプとアルミパイプの長さの比は9：16です。鉄パイプの長さが18mのとき，アルミパイプの長さは何mですか。

[式]

　　　　　　　　　　　[答え]

2 よしきさんとひでおさんがかけっこをしました。よしきさんとひでおさんの走る速さの比は$\frac{2}{3}:\frac{4}{5}$でした。よしきさんが時速15kmのとき，ひでおさんは時速何kmで走りましたか。

[式]

　　　　　　　　　　　[答え]

3 縦と横の長さの比が$\frac{5}{6}:\frac{2}{9}$の長方形があります。横の長さが8.4cmのとき，縦の長さは何cmですか。

[式]

　　　　　　　　　　　[答え]

4 かおりさんの学校のプールと校庭の面積の比は$1\frac{1}{4}:1\frac{1}{2}$です。プールの面積が450m²のとき，校庭の面積は何m²ですか。

[式]

　　　　　　　　　　　[答え]

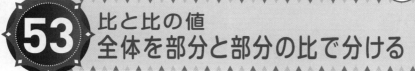

53 比と比の値
全体を部分と部分の比で分ける

▶▶▶ 答えは別冊12ページ　★点数★

式：1問25点　答え：1問25点

点

1 食塩水を1500mL作ります。水と食塩を4：1の割合で
　　　全体の量　　　　　　　　　　　　　　　　　全体の4/5が水

混ぜるとき，水は何mL必要ですか。

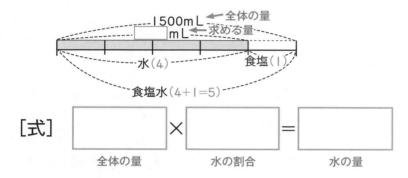

[式]　□ × □ = □

　　全体の量　　　　水の割合　　　　水の量

[答え] □ mL

2 長さ16mのひもがあります。このひもを切って5：3の
　　　全体の長さ　　　　　　　　　　　　　　　　短い方は3

割合で分けます。このとき，短い方のひもの長さは
何mですか。

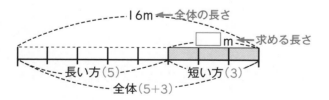

[式]

[答え] □ m

54 比と比の値
全体を部分と部分の比で分ける

理 解

▶▶▶ 答えは別冊13ページ

点数

　点

式：1問25点　　答え：1問25点

1 たろうさんとじろうさんは，3万円を2人で分けること
に
　全体の金額

しました。たろうさんとじろうさんで3：2の割合で分け
　　　　　　　　　　　　　　　　　　　　　わりあい
　　　　　　　　　　　　　　　　たろうさんは3

るとき，たろうさんは何円もらいますか。

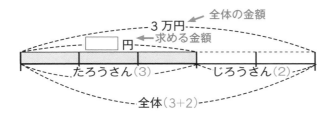

[式]

[答え] 　　　　　　 円

2 ある日の昼の長さと夜の長さの比は13：11でした。こ
　　　24時間　　　　　　　　　　　　　　夜は11

のとき，夜の長さは何時間ですか。

[式]

[答え] 　　　　　　 時間

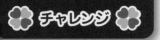

55 比と比の値
全体を部分と部分の比で分ける

▶▶▶ 答えは別冊13ページ

式：1問15点　答え：1問10点

点数 ★

点

1 コーヒーと牛乳を混ぜて，1800mLのミルクコーヒーを作ります。コーヒーと牛乳を2：1の割合で混ぜるとき，コーヒーは何mL必要ですか。

[式]

[答え]

2 たくやさんの学校には，小説と絵本が全部で700冊あります。小説と絵本の数の割合が9：5のとき，小説は何冊ありますか。

[式]

[答え]

3 折り紙が420枚あります。よしえさんとちかこさんが，この折り紙を4：3の割合で分けるとき，ちかこさんは何枚もらいますか。

[式]

[答え]

4 A国とB国の面積の合計は12000km²です。A国とB国の面積の比が5：3のとき，A国の面積は何km²ですか。

[式]

[答え]

56 比と比の値
全体を部分と部分の比で分ける

▶▶▶ 答えは別冊13ページ

式:1問15点　答え:1問10点

点数

点

1 チーズが240gあります。けんいちさんとみつるさんで
7：3の割合（わりあい）で分けます。けんいちさんがもらうチーズは
何gですか。

[式]

[答え]

2 ある組の人数は全部で45人です。これをA班（はん）とB班で
5：4の割合で分けます。このとき，A班の人数は何人に
なりますか。

[式]

[答え]

3 180cmの鉄パイプがあります。これを，7：2の長さに
切り分けます。このとき，長い方の鉄パイプの長さは
何cmになりますか。

[式]

[答え]

4 AとBの2つのアンケートが全部で2200枚（まい）あります。A
とBの割合が6：5のとき，Aのアンケートは何枚ですか。

[式]

[答え]

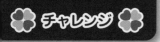

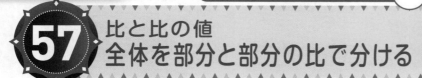

57 比と比の値
全体を部分と部分の比で分ける

 練 習

▶▶▶ 答えは別冊13ページ　★ 点数 ★

点

式：1問15点　答え：1問10点

1 水と砂糖を混ぜて砂糖水を246g作ります。水と砂糖を
17：7の割合で混ぜるとき，水は何g必要ですか。

[式]

[答え]

2 90cm²の大きさのピザがあります。このピザを13：37
の割合で分けるとき，大きい方のピザは何cm²ですか。

[式]

[答え]

3 AさんとBさんが10万円を29：11の割合で分けます。A
さんは何円もらいますか。

[式]

[答え]

4 ある日の昼の長さと夜の長さの比は13：12でした。昼
の長さは何時間何分何秒ですか。

[式]

[答え]

58 比と比の値
全体を部分と部分の比で分ける

練習

▶▶▶ 答えは別冊13ページ　点数

式:1問15点　答え:1問10点

点

1 水と食塩を合わせて150g用意します。水と食塩を
$\frac{7}{10} : \frac{4}{5}$ の割合で用意するとき，水は何g必要ですか。

[式]

[答え]

2 15mの針金があります。この針金を $\frac{1}{3} : \frac{1}{5}$ の割合で分けるとき，短い方の針金の長さは何mですか。

[式]

[答え]

3 縦の長さと横の長さの比が2：3の長方形があります。この長方形のまわりの長さが30cmのとき，横の長さは何cmですか。

[式]

[答え]

4 サラダ油としょう油を2：1の割合で混ぜます。これに酢を30mL加えて，ドレッシングを120mL作ります。サラダ油は何mL必要ですか。

[式]

[答え]

59 比と比の値のまとめ
比の値の部屋

▶▶▶ 答えは別冊14ページ

次の問題を解いて，正しい答えの方に進み，たどりついたおやつに丸をつけましょう。どのおやつが食べられるかな。

問題

対角線の長さの比が6：5のひし形があります。
長い方の対角線の長さが30cmのとき，短い対角線の長さは何cmですか。

ア 25cm

イ 36cm

ア

イ

問題

赤色と青色の色紙が，
合わせて132枚あります。
赤色と青色の枚数の比が7：4の
とき，青色の色紙は何枚ですか。

ウ 84枚

エ 48枚

問題

ある組の人数は39人です。
男子と女子の人数の比は6：7です。
男子の人数は何人ですか。

オ 18人

カ 21人

ウ

エ

オ

カ

縮図
縮図の利用

▶▶▶ 答えは別冊14ページ

点数

点

式：1問25点　　答え：1問25点

1 駅から図書館までの道のりは**300m**です。この道のりを

実際の長さ，30000cm

10cmで書いた地図の縮尺は何分の1ですか。

縮めた長さ　　　　　　　　　縮めた割合

──────── 30000cm ◀── 実際の長さ

10cm ◀── 縮めた長さ　　　　縮尺 □

[式] □ ÷ □ = □

縮めた長さ　　　実際の長さ　　　縮尺

[答え] □

2 縮尺 $\dfrac{1}{1000}$ の地図で**2.5cm**の実際の長さは何mですか。

縮尺　　　　　　　縮めた長さ

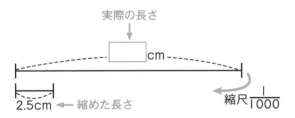

実際の長さ

□cm

2.5cm ◀── 縮めた長さ　　　　縮尺 $\dfrac{1}{1000}$

[式]

[答え] □ m

61 縮図
縮図の利用

 理解

▶▶▶ 答えは別冊14ページ

式：1問25点　答え：1問25点

★点数★

点

1 3kmはなれた2つの地点は，縮尺$\frac{1}{2000}$の地図では何cm

実際の長さ，300000cm

で表されますか。

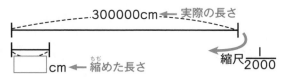

[式]

[答え] ☐ cm

2 下の図は，たかこさんが木から15mはなれたところから

BCの長さ

木の上はしAを見上げているようすと，直角三角形ABC

の$\frac{1}{100}$の縮図である直角三角形DEFです。このとき，木

縮尺

の実際の高さは何mですか。

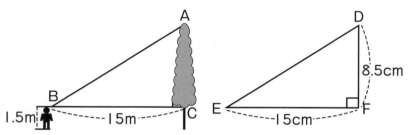

[式]

[答え] ☐ m

▶▶▶ 答えは別冊15ページ

式：1問15点　答え：1問10点

点

1 学校から市役所までの道のりは300mです。この道のり
を15cmでかいた地図の縮尺^{しゅくしゃく}は何分の1ですか。

[式]

　　　　　　　　　　　　　　　　[答え]

2 家から図書館までの道のりは1kmです。この道のりを
20cmでかいた地図の縮尺は何分の1ですか。

[式]

　　　　　　　　　　　　　　　　[答え]

3 下の図は縮尺 $\frac{1}{400}$ の縮図です。ABの実際の長さは何m
ですか。

```
            C
          / |
        /   |
      /     |
    A ------ B
      3cm
```

[式]

　　　　　　　　　　　　　[答え]

4 下の図は縮尺 $\frac{1}{8000}$ の縮図です。ABの実際の長さは何m
ですか。

```
  D ------ C
  |        |
  |        |
  A ------ B
    2cm
```

[式]

　　　　　　　　　　　　　[答え]

63 縮図
縮図の利用

▶▶▶ 答えは別冊15ページ

式：1問15点　答え：1問10点

点数 ☆ ☆

点

1 5kmはなれた2つの町があります。縮尺<ruby>縮尺<rt>しゅくしゃく</rt></ruby>$\frac{1}{20000}$の地図では，2つの町のきょりは何cmになりますか。

[式]

[答え]

2 家から学校までのきょりは2.5kmです。縮尺$\frac{1}{5000}$の地図では，このきょりは何cmになりますか。

[式]

[答え]

3 下の図は，川はばABのようすと，直角三角形ABCの$\frac{1}{800}$の縮図である直角三角形DEFです。ABの長さは何mですか。

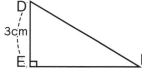

[式]

[答え]

4 下の図は，縮尺$\frac{1}{1000}$の縮図です。この長方形の実際の面積は何m²ですか。

[式]

[答え]

64 比例と反比例
比例の利用

▶▶▶ 答えは別冊15ページ

式：1問25点　　答え：1問25点

1 4Lのガソリンで32km走る自動車があります。16Lの
4Lで走るきょり　　　　　　　　　　4Lの4倍

ガソリンで何km走ることができますか。

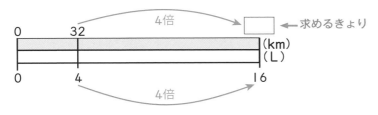

[式] [　　　] × [　　　] = [　　　]
　　4Lで走るきょり　　4倍　　　求めるきょり

[答え] [　　　] km

2 針金6mの重さは72gです。この針金30mの重さは何gで
（はりがね）　　　　6mの重さ　　　　　　6mの5倍

すか。

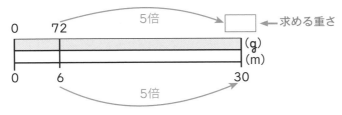

[式]

[答え] [　　　] g

65 比例と反比例
比例の利用

理解

▶▶▶ 答えは別冊15ページ 点数

点

1 式：20点　答え：10点　**2 3** 式：1問20点　答え：1問15点

1 15分間に30Lの割合で水が出る水道があります。10L
　　　　　15分間の水の量　　　　　　　　　　　　　　　　　30Lの$\frac{1}{3}$

の水が出るのに何分かかりますか。

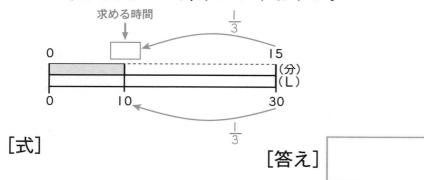

求める時間

$\frac{1}{3}$

0　　　　　　　　　15（分）
　　　　　　　　　　　（L）
0　　　10　　　　　30

$\frac{1}{3}$

[式]

[答え] ⬚ 分

2 面積が36cm²の平行四辺形があります。この平行四辺形
　　　　　　　底辺×高さ

の高さを$\frac{1}{2}$倍にすると面積は何cm²になりますか。
　　　　底辺は一定

[式]

[答え] ⬚ cm²

3 縦が3cm，横が7cmの長方形があります。この長方形の
　　たて　　　　　　　　　　　　　　　面積＝縦×横

横の長さを3倍にすると面積は何cm²になりますか。
　　　縦の長さは一定

[式]

[答え] ⬚ cm²

▶▶▶ 答えは別冊16ページ
式:1問15点　答え:1問10点

点

1 5Lのガソリンで75km走る自動車があります。この車は，20Lのガソリンで何km走ることができますか。

[式]

[答え]

2 特急列車が60分間で120km進みます。この特急列車は，90分間では何km進みますか。

[式]

[答え]

3 針金（はりがね）4.8mの重さは72gです。この針金24mの重さは何gですか。

[式]

[答え]

4 電池4本で電球を $\frac{100}{3}$ 分点灯させることができます。電池6本では，電球を何分点灯させることができますか。

[式]

[答え]

67 比例と反比例
比例の利用

▶▶▶ 答えは別冊16ページ

式：1問15点　答え：1問10点

点

---

1 水道の水を15分間に30Lの割合で出します。8分間では，何Lの水を出すことができますか。

[式]

[答え]

---

2 9cm³の銅の重さは81gです。銅の重さが45gのとき，銅の体積は何cm³ですか。

[式]

[答え]

---

3 面積が56cm²の平行四辺形があります。この平行四辺形の高さを$\frac{4}{3}$倍にすると，面積は何cm²になりますか。

[式]

[答え]

---

4 6時間で186kmの道のりを進む自動車があります。この自動車は，122km進むのに何時間かかりますか。

[式]

[答え]

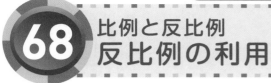

68 比例と反比例
反比例の利用

式:60点　答え:40点

点

1 縦が6cm，横が7cmの長方形があります。この長方形の
面積は変えずに，横の長さを2倍にすると，縦の長さは

　縦×横は一定　　　　　　　7×2=14（cm）

何cmになりますか。

$\frac{1}{2}$倍

縦の長さ（cm）	6		← 求める縦の長さ
横の長さ（cm）	7	²倍 14	
面積（cm²）	42	42	

変わらない

[式] 　□ × □ = □
　　縦　　　　横　　　　面積

　□ ÷ □ = □
　面積　　横の長さの2倍　　求める縦の長さ

[答え] □ cm

69 比例と反比例
反比例の利用

理 解

▶▶▶ 答えは別冊16ページ　★点数★

式:1問25点　答え:1問25点

点

1 水そうをいっぱいにするのに，1時間に4Lずつ水を入れ

<u>1時間の水の量</u>

ると10時間かかります。1時間に2Lずつ水を入れると，

<u>かかる時間</u>　　　　　　　　　　　　　$2÷4=\frac{1}{2}$

いっぱいになるまで何時間かかりますか。

水を入れた時間（時間）	1	2倍→ 2	·········→ 10倍 10
1時間の水の量（L）	40		········· 4

[式]

　　　　　　　　　[答え] ⬚ 時間

2 となりの県まで，時速90kmの速さで走る自動車で

<u>速さ</u>

4時間かかります。同じ道のりを特急列車に乗ると

<u>時間</u>

3時間で行くことができます。特急列車の速さは

$3÷4=\frac{3}{4}$

時速何kmですか。

[式]

　　　　　　　　[答え] 時速 ⬚ km

70 比例と反比例
反比例の利用

▶▶▶ 答えは別冊16ページ　★点数★

式：1問15点　答え：1問10点

　　　　　　　　　　　　　　　点

1 縦が12cm，横が7cmの長方形があります。この長方形の面積は変えずに横の長さを2倍にすると，縦の長さは何cmになりますか。

[式]

[答え]

2 底辺が8cm，高さが10cmの三角形があります。この三角形の面積は変えずに高さを4cmにすると，底辺の長さは何cmになりますか。

[式]

[答え]

3 水そうをいっぱいにするのに，1時間に6Lずつ水を入れると9時間かかります。水を1時間に3Lずつ入れると，水そうをいっぱいにするのに何時間かかりますか。

[式]

[答え]

4 プールをいっぱいにするのに，1時間に200Lずつ水を入れると15時間かかります。このプールを24時間でいっぱいにするには，水を1時間に何Lずつ入れればよいですか。

[式]

[答え]

71 比例と反比例
反比例の利用

▶▶▶ 答えは別冊17ページ

式：1問15点　答え：1問10点

点数

点

1 ゆりさんは，家から学校まで行くのに，分速72mで歩いて30分かかります。同じ道のりを20分で行くには分速何mで歩けばよいですか。

[式]

[答え]

2 さとしさんは，駅から図書館まで行くのに，分速70mの速さで歩いて40分かかります。同じ道のりを分速80mで歩くと何分かかりますか。

[式]

[答え]

3 時速90kmで走る自動車で4時間かかるとなりの市まで，特急列車に乗ると2.5時間で行くことができます。この特急列車の時速は何kmですか。

[式]

[答え]

4 分速80mの速さで歩いて70分かかる場所まで，分速250mの速さで走ると何分何秒かかりますか。

[式]

[答え]

72 場合の数 並べ方

理解

▶▶▶ 答えは別冊17ページ

答え：1問50点

点数

点

1 ①, ②, ③の3枚のカードのうちの2枚を選んで, 2けたの
全部の枚数　　　　　　　　　　　　　　並べるカードの枚数

整数を作ります。できる2けたの整数は何通りあります
か。下の図を完成させて求めましょう。

並べるカードの枚数は2枚

| 1 – ☐ , | 1 – ☐ |
1番めが ①

| 2 – ☐ , | 2 – ☐ |
1番めが ②

| 3 – ☐ , | 3 – ☐ |
1番めが ③

[答え] ☐ 通り

2 A, B, Cの3人が1列に並びます。並び方は全部で何通
並ぶ人数　並び方

りありますか。下の図を完成させて求めましょう。

並ぶ人数は3人

A < ☐ — ☐
☐ — ☐
1番めが A

B < ☐ — ☐
☐ — ☐
1番めが B

C < ☐ — ☐
☐ — ☐
1番めが C

[答え] ☐ 通り

1 10円玉を続けて3回投げます。このとき，表と裏の出方
投げる回数

は全部で何通りありますか。下の図を完成させて求めま
しょう。

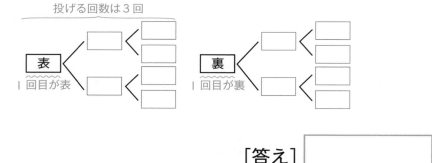

[答え] ▢ 通り

2 赤，青，緑，黄の絵の具のうち2色を使い，下の図のよ
全部で4色　　　　　　　4色のうち2色

うなA，Bをぬります。ぬり方は全部で何通りありますか。
ちがう色でぬる

下の図を完成させて求めましょう。

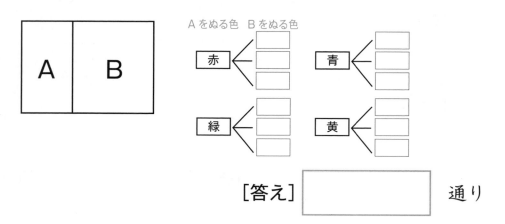

[答え] ▢ 通り

▶▶▶ 答えは別冊18ページ　★点数★

答え：1問25点

点

1 ①, ③, ⑤の3枚のカードのうち2枚を選んで, 2けたの整数を作ります。できる2けたの整数は何通りありますか。

[答え]

2 ②, ④, ⑥の3枚のカードをすべて使って3けたの整数を作ります。できる3けたの整数は全部で何通りですか。

[答え]

3 A, B, C, Dの4人が1列に並びます。並び方は全部で何通りありますか。

[答え]

4 A, B, C, Dの4人で遠足に行きます。この中で班長と副班長を1人ずつ選びます。選び方は全部で何通りありますか。

[答え]

▶▶▶ 答えは別冊18ページ

答え：1問25点

点数

点

1 100円玉を続けて4回投げます。このとき，表と裏の出
　方は全部で何通りありますか。

[答え]

2 10円玉1枚と50円玉1枚を1回ずつ投げます。このとき，
　表と裏の出方は全部で何通りありますか。

[答え]

3 兄と弟の2人がじゃんけんをします。このとき，2人の手
　の出し方は全部で何通りありますか。

[答え]

4 白，黒，青，緑の4色の絵の具のうち3色を使い，下の図
　のようなA，B，Cをぬります。ぬり方は全部で何通りあ
　りますか。

[答え]

76 場合の数 組み合わせ方

▶▶▶ 答えは別冊19ページ

点数

答え：1問50点

点

1 大きいさいころ1個と小さいさいころ1個を同時に投げま
目は1から6まで　　　　　　　　　　　　目は1から6まで

す。2つのさいころの目の和が6になる場合は全部で何通
大＋小＝6

りありますか。下の図を完成させて求めましょう。

出る目の組み合わせ

(大，小)➡ (1，□)，(□，4)，(3，□)，
大＋小＝6　　　　　　　(□，2)，(5，□)

[答え]　□　通り

2 10円，50円，100円，500円の4種類のお金が1枚ずつ
全部で4枚

あります。このうち2枚を取り出すと何通りの金額がで
4枚のうち2枚

きますか。下の図を完成させて求めましょう。

10円と□円，10円と□円，10円と□円，
10円との組み合わせ

50円と□円，50円と□円，100円と□円
50円との組み合わせ　　　　　　100円との組み合わせ

[答え]　□　通り

79

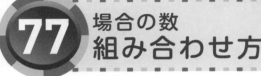

77 場合の数
組み合わせ方

理解

▶▶▶ 答えは別冊19ページ

点数

答え：1問50点

点

1 A，B，C，Dの4チームがサッカーの試合をします。ど

全部で4チーム

のチームも，ちがったチームと1回ずつ試合をするとき，

2チームの組み合わせ

対戦は全部で何通りありますか。下の図を完成させて求

めましょう。

A   B

C   D

☐を結んだ線の数が組み合わせ方の数

[答え]   通り

2 黒，白，赤，青，緑の5色から2色を選びます。色の選び

全部で5色　2色の組み合わせ

方は全部で何通りありますか。下の図を完成させて求め

ましょう。

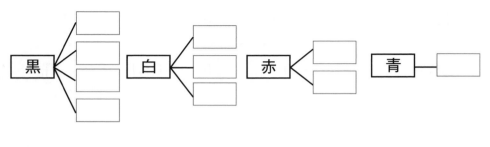

[答え]   通り

78 場合の数 組み合わせ方

▶▶▶ 答えは別冊20ページ

答え：1問25点

点

1 大きいさいころ1個と小さいさいころ1個を同時に投げます。2つのさいころの目の和が8になる場合は全部で何通りありますか。

[答え]

2 10円，100円，500円の3種類のお金が1枚ずつあります。このうち2枚を取り出すと何通りの金額ができますか。

[答え]

3 赤，白，黄，青のシールが1枚ずつ全部で4枚あります。このうち3枚を取り出す場合は全部で何通りありますか。

[答え]

4 A，B，Cの3チームが野球の試合をします。どのチームも，ちがったチームと1回ずつ試合をするとき，対戦は全部で何通りありますか。

[答え]

79 場合の数
組み合わせ方

▶▶▶ 答えは別冊20ページ

答え：1問25点

点

1 A，B，C，Dの4人で登山をします。このうち2人をリーダーに選びます。選び方は全部で何通りありますか。

[答え]

2 りんご，みかん，もも，いちご，バナナの5つのくだものがあります。このうち2つのくだものを選びます。選び方は全部で何通りありますか。

[答え]

3 白，黒，赤，青，黄の5色のクレヨンから3色を選びます。クレヨンの色の選び方は全部で何通りありますか。

[答え]

4 A，B，C，D，Eの5人のうち4人を選んでじゃんけんをします。4人の選び方は全部で何通りありますか。

[答え]

80 場合の数
いろいろな場合の数

理解

▶▶▶ 答えは別冊20ページ ★点数★

答え：1問50点（完答）

☐ 点

1 ⓪, ①, ③, ⑤ のカードが1枚ずつあります。これらのカードを並べて4けたの整数を作るとき，整数は全部で何通りできますか。千の位に⓪はこない

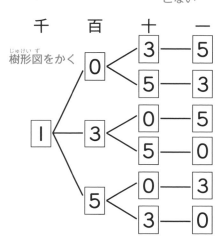

樹形図をかく

千の位の数が3，5の4けたの整数も6通りずつなので，

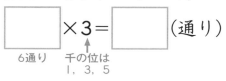

☐ ×3＝ ☐ （通り）

6通り　　千の位は1，3，5

[答え] ☐

2 ①, ②, ③, ④ のカードが1枚ずつあります。これらのカードを並べて4けたの整数を作るとき，偶数は全部で何通りできますか。一の位の数は②か④

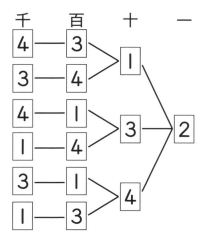

一の位の数が偶数であれば，偶数になるので，

☐ ×2＝ ☐ （通り）

6通り　　一の位は2，4

[答え] ☐

一の位の数をはじめに樹形図をかく
➡ 一の位の数が2の4けたの整数は6通り

場合の数
いろいろな場合の数

 理解

▶▶▶ 答えは別冊20ページ　 点数

答え：1問25点（②，③は完答）

　　点

1 A町からB町を通って，C町まで行くのに，次のような
　　　電車とバス→電車とバスとタクシー

乗り物があります。

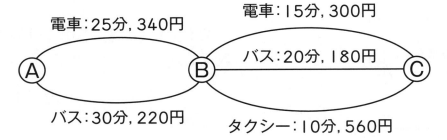

電車：25分，340円
電車：15分，300円
バス：20分，180円
バス：30分，220円
タクシー：10分，560円

①A町からC町までの行き方は全部で何通りありますか。
　　A町からB町までは2通り，B町からC町までは3通り

　　　　　　　　　　　　　　　　[答え]

②費用がいちばん安いのはどの行き方をしたときですか。
　　A町からB町までで安い行き方，B町からC町までで安い行き方

[答え] A町からB町　　　　　，B町からC町

③いちばん早く着くのはどの行き方をしたときですか。
　　A町からB町までで速い行き方，B町からC町までで速い行き方

[答え] A町からB町　　　　　，B町からC町

④費用が600円までですむような行き方は何通りありま
　　A町からB町までの費用とB町からC町までの費用をたす

すか。　　　　　　　　　　　　[答え]

▶▶▶ 答えは別冊21ページ
答え：1問50点

点

1 ⓪, ③, ⑥, ⑧のカードが1枚ずつあります。これらのカードを並べて4けたの整数を作るとき，整数は全部で何通りできますか。

[答え]

2 ⓪, ③, ⑤, ⑥のカードが1枚ずつあります。これらのカードを並べて4けたの整数を作るとき，奇数は全部で何通りできますか。

[答え]

83 場合の数
いろいろな場合の数

練 習

▶▶▶ 答えは別冊21ページ

★点数★ ｜ 点

1①答え：30点（完答），②答え：30点　**2**答え：40点

1 A町からB町を通って，C町まで行くのに，次のような乗り物があります。

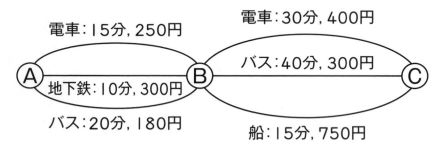

電車：30分，400円
電車：15分，250円
バス：40分，300円
Ⓐ 地下鉄：10分，300円 Ⓑ Ⓒ
バス：20分，180円
船：15分，750円

①いちばん早く着くのはどの行き方をしたときですか。

[答え]

②費用が700円までですむような行き方は何通りありますか。

[答え]

2 A，B，C，Dの4つの地点が右の図のようにあります。A地点を出発して，B地点，C地点，D地点をすべて通ってA地点にもどります。道のりがいちばん短くなるように通るとき，その道のりは何mになりますか。

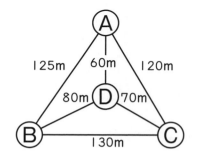

125m　60m　120m
80m Ⓓ 70m
Ⓑ 130m Ⓒ

[答え]

84 場合の数のまとめ
パズルゲーム

▶▶▶ 答えは別冊21ページ

赤，青，黄，緑のカードが1枚ずつあります。赤いカードを先頭にして，残りのカードを並べます。並べ方を下の図のように考えるとき，□にあてはまる色と同じパズルのピースをぬりましょう。出てくる形は何かな。

※同じ色のパズルが複数あります。

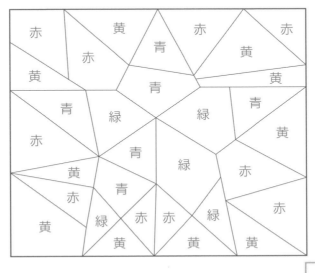

正解は

85 資料の整理
代表値とちらばり

▶▶▶ 答えは別冊21ページ

① : 式20点, 答え20点　②各20点　③答え : 20点

点

1 下の数は, 1班の6人と2班の5人のソフトボール投げの記録です。

1班…25m, 15m, 26m, 38m, 31m, 15m

2班…32m, 19m, 28m, 32m, 12m

① 1班の記録の平均値は何mですか。
合計÷個数

[式] 　　　　　　　　　　 ÷ 　　　　 = 　　　　

　　　　記録の合計　　　　　　　人数　　　平均

[答え]

② 2班の記録の中央値は何mですか。
大きさの順に並べたときの真ん中の値

小さい順に並べると,

12m　19m　　　　　　32m　32m

[答え]

③ 1班と2班の記録の最頻値を比べると, どちらの班の
資料の中で最も多く現れる値

記録の方が大きいといえますか。

[答え]

資料の整理 86

代表値とちらばり

理解

▶▶▶ 答えは別冊21ページ 点数

点

①：各20点　②答え：20点　③：式20点，答え20点

1 下の表は1班の8人と2班の7人の握力の記録です。

握力の記録　　　　　　単位(kg)

1班	21	23	32	20	25	27	28	22
2班	18	33	20	29	16	22	30	

①記録のちらばりを下の数直線上にドットプロットで表しましょう。
目盛りの上に●をかく

1班

2班

②ちらばりが大きいのはどちらの班ですか。

[答え]

③1班と2班を合わせて，記録が30kg以上の人数は全体の何％ですか。
比べられる量　　　もとにする量

[式]

[答え]

89

87 資料の整理
代表値とちらばり

▶▶▶ 答えは別冊22ページ

①答え：40点　②，③答え：30点

点数

点

1 次の表は，1班の9人と2班の8人の通学時間を調べたものです。

通学時間調べ　　　　　　　　　　　単位（分）

1班	14	8	15	22	12	18	16	21	18
2班	14	19	19	20	25	22	6	19	

①平均値で比べると，1班と2班の通学時間はどちらが長いといえますか。

[答え]

②中央値で比べると，1班と2班の通学時間はどちらが長いといえますか。

[答え]

③最頻値で比べると，1班と2班の通学時間はどちらが長いといえますか。

[答え]

88 資料の整理
代表値とちらばり

▶▶▶ 答えは別冊22ページ

答え：1問25点

1 次のドットプロットは，あるボウリング場で貸し出されたくつのサイズを調べたものです。

くつのサイズ調べ

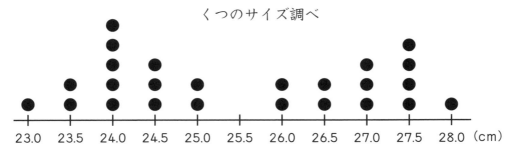

① 平均値は何cmですか。

[答え]

② 中央値は何cmですか。

[答え]

③ 最頻値は何cmですか。

[答え]

④ くつをすべて新しいものに買いかえるとき，最も多く買えばよいくつのサイズは何cmですか。

[答え]

89 資料の整理
度数分布表とヒストグラム

▶▶▶ 答えは別冊22ページ

①, ②式：20点, 答え：20点, ③答え：20点

点

1 右の度数分布表は，みさきさんの
クラス**32**人の身長を調べた結果を
　　　　全員で32人
まとめたものです。

身長調べ

身長(cm)	人数(人)
以上　未満	
125～130	2
130～135	8
135～140	ア
140～145	10
145～150	3
150～155	2
155～160	1
合計	32

① アにあてはまる数を答えましょう。
　　32−(ア以外の人数)

[式] 　　　　　　 − 　　　　　　 = 　　　　　　

クラスの人数　　　　　　ア以外の人数の合計

[答え]

② 身長が**140cm**未満の人数はクラス全体の何％になり
　　　　　　　　　　　　　　　32人
ますか。

[式]

[答え]

③ みさきさんの身長は低い方から数えて**18**番目です。
　　　　　　　　表の上から人数を数える

みさきさんは何cm以上何cm未満の階級にいますか。

[答え]

資料の整理
度数分布表とヒストグラム

▶▶▶ 答えは別冊22ページ

①答え：25点　②式：25点　答え：25点　③答え：25点

点

1 右の図は，たかしさんの
クラス**30**人のソフトボー
_{クラス全員}

ル投げの記録をヒスト
グラムにあらわしたも
のです。

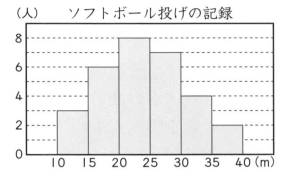

（人）　　ソフトボール投げの記録

①度数が最も多いのは，何m以上何m未満の階級ですか。
_{グラフの長さが最も長い}

[答え]

②記録が**30m**以上の人数は，クラス全体の何％ですか。
_{比べられる量}　　　　　　_{もとにする量}

[式]

[答え]

③たかしさんの記録はよい方から**9**番目でした。たかし
_{記録のよい階級から順に人数を調べる}

さんの記録は何m以上何m未満の階級に入りますか。

[答え]

93

▶▶▶ 答えは別冊23ページ

点数

点

①答え：20点　②：式20点，答え20点　③答え：20点　④答え：20点

1 たくまさんのクラスでは，グループに分かれてインゲンマメを育てて，その収かく量を比べました。右の度数分布表は，収かく量を調べたものです。

インゲンマメの収かく量

本数（本）	グループ数（個）
以上　未満	
10〜15	1
15〜20	2
20〜25	4
25〜30	5
30〜35	2
35〜40	1
合計	15

①最も度数が大きいのは何本以上何本未満の階級ですか。

[答え]

②30本以上を収かくしたグループは全体の何％になりますか。

[式]

[答え]

③多い方から7番目のグループは，何本以上何本未満収かくできたと考えられますか。

[答え]

④収かく量が24本のグループは，多い方から数えると何番目から何番目の間と考えられますか。

[答え]

92 資料の整理
度数分布表とヒストグラム

▶▶▶ 答えは別冊23ページ

★点数★

点

①〜③答え：20点　④：式20点，答え20点

1 右の図は，ある市で，1か月間の最高気温を調べてヒストグラムに表したものです。

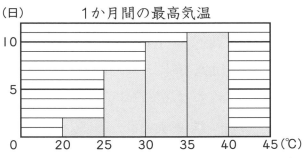

1か月間の最高気温

①調べた日数は何日ですか。

[答え]

②日数が最も多いのは，何℃以上何℃未満の階級ですか。

[答え]

③気温が高い方から数えて15番目の日は，何℃以上何℃未満の階級に入りますか。

[答え]

④気温が30℃以上の日数は，この1か月間のうちの何％ですか。小数第一位を四捨五入して整数で答えなさい。

[式]

[答え]

93 資料の整理
度数分布表とヒストグラム

▶▶▶ 答えは別冊23ページ

①，②答え：30点　③答え：40点

　　　　　　　　　　　　　　　　　　点

1 A市とB市について，15才から65才までの年齢別（ねんれいべつ）の人口を調べ，下のような資料にまとめました。左の度数分布表はA市について，右のヒストグラムはB市についてまとめたものです。

A市の年齢別人口

年齢（才）	人口（万人）
以上　　未満	
15〜25	7
25〜35	9
35〜45	10
45〜55	6
55〜65	8
合計	40

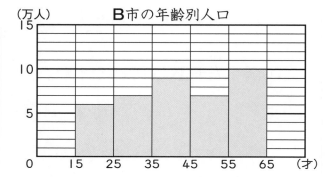

①A市で最も人口が多いのは，何才以上何才未満の階級ですか。

[答え]

②B市で最も人口が少ないのは，何才以上何才未満の階級ですか。

[答え]

③35才未満の人口の割合（わりあい）が多いのは，A市とB市のどちらですか。

[答え]

答えとおうちのかたの手引き

1 文字と式 x がある式 〔理解〕

▶▶▶ 本冊4ページ

1 ［答え］$\overset{エックス}{x} \times 4$ （cm）
　　　　　　1辺の長さ　辺の数
2 ［答え］$10 - x$ （dL）
　　　　　　全体の量　飲んだ量

ポイント

x がある式を作るときは，x が表すものが何なのかに注意します。ここでは，単位をつけるのを，忘れないようにしましょう。

2 文字と式 x がある式 〔理解〕

▶▶▶ 本冊5ページ

1 ［答え］$7 \times \overset{エックス}{x}$ （cm²）
　　　　　　底辺　高さ
2 ［答え］$80 \times x + 120$ （円）
　　　　えん筆の代金　本数　消しゴムの代金
3 ［式］$x \times 6 \times 3$
　　　　縦　横　高さ
　　［答え］$x \times 18$ （cm³）

ポイント

1 面積や体積の公式はよく利用されます。計算する前に単位を必ず確認しましょう。
3 答えは，計算できるところまでやりきるようにしましょう。

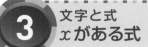

3 文字と式 x がある式 〔練習〕

▶▶▶ 本冊6ページ

1 ［答え］$\overset{エックス}{x} \times 3$ （cm）
2 ［答え］$x - 8$ （L）
3 ［答え］$70 + x$ （円）
4 ［答え］$x \times 5$ （dL）

4 文字と式 x がある式 〔練習〕

▶▶▶ 本冊7ページ

1 ［答え］$\overset{エックス}{x} \times 3$ （cm²）
2 ［式］$120 \times 2 + 150 \times x$
　　［答え］$240 + 150 \times x$ （円）
3 ［式］$x \times 4 \times 6$
　　［答え］$x \times 24$ （g）
4 ［式］$8 \times x \times 7$
　　［答え］$x \times 56$ （cm³）

ポイント

3 ノートの数が全部で何冊になるかをまず考えましょう。

5 文字と式 x と y がある式 〔理解〕

▶▶▶ 本冊8ページ

1 ［答え］$3 - \overset{エックス}{x} = \overset{ワイ}{y}$
　　　　全体の量　飲んだ量　残りの量
2 ［答え］$x \div 8 = y$
　　　　全体の量　日数　1日の量

ポイント

x と y がある式では，文字が2つなのでそれぞれの文字が何を表すかに注意します。x，y を逆にしないように気をつけましょう。

6 文字と式
xとyがある式
理解

▶▶▶ 本冊9ページ

1 ［答え］ $\underset{\text{底辺の長さ}}{12} \times \underset{\text{高さ}}{\overset{\text{エックス}}{x}} = \underset{\text{面積}}{\overset{\text{ワイ}}{y}}$

2 ［答え］ $\underset{\text{ふくろの重さ}}{20} + \underset{\text{重りの重さ}}{x} = \underset{\text{全体の重さ}}{y}$

3 ［答え］ $\underset{\text{全体の長さ}}{10} \div \underset{\text{1人分の長さ}}{x} = \underset{\text{配った人数}}{y}$

ポイント

3 のように，わる数に x がくる場合があることに注意します。また，単位をつけなくてよいことに注意しましょう。

 7 文字と式
xとyがある式
練習

▶▶▶ 本冊10ページ

1 ［答え］ $\overset{\text{エックス}}{x} \times 4 = \overset{\text{ワイ}}{y}$

2 ［答え］ $x + 80 = y$

3 ［答え］ $50 + x = y$

4 ［答え］ $60 \div x = y$

 8 文字と式
xとyがある式
練習

▶▶▶ 本冊11ページ

1 ［答え］ $700 - \overset{\text{エックス}}{x} = \overset{\text{ワイ}}{y}$

2 ［答え］ $120 \div x = y$

3 ［式］ $80 \times 3 + x \times 3 = y$

　　　［答え］ $240 + x \times 3 = y$

4 ［式］ $8 \times x \times \dfrac{1}{2} = y$

　　　［答え］ $4 \times x = y$

ポイント

3 240 と $3 \times x$ が逆になってもよいです。

 9 文字と式
値を求める
理解

▶▶▶ 本冊12ページ

1 ［式］ $\underset{\text{エコバッグの値段}}{120} + \underset{\text{ケーキの値段}}{\overset{\text{エックス}}{x}} = \underset{\text{代金の合計}}{1000}$

　　　$\underset{\text{}}{x} = \underset{\text{代金の合計}}{1000} - \underset{\text{エコバッグの値段}}{120}$

　　　$\underset{\text{ケーキの値段}}{x = 880}$

［答え］ 880（円）

ポイント

x を用いた式を正確に立てることが大切です。両辺に同じものをたしたり，両辺から同じものをひいたりして「$x =$」の形にするため，たすはひく，ひくはたすになることに注意します。

$$\underset{-120}{\underline{120 + x}} = \underset{\downarrow -120}{\underline{1000}}$$
$$x = 1000 - 120$$

 10 文字と式
値を求める
理解

▶▶▶ 本冊13ページ

1 ［式］ $\underset{\text{もとの量}}{\overset{\text{エックス}}{x}} - \underset{\text{飲んだ量}}{3} = \underset{\text{残りの量}}{6}$

　　　$\underset{}{x} = \underset{\text{残りの量}}{6} + \underset{\text{飲んだ量}}{3}$

　　　$x = 9$

［答え］ 9（dL）

2 ［式］ $\underset{\text{値段}}{80} \times \underset{\text{個数}}{x} = \underset{\text{代金の合計}}{640}$

　　　$x = \underset{\text{代金の合計}}{640} \div \underset{\text{値段}}{80}$

　　　$x = 8$

［答え］ 8（個）

ポイント

2 ○×□=△のとき，□=△÷○です。

11 文字と式 値を求める

練習

▶▶▶ 本冊14ページ

1 [式] $90 + x = 1200$
$x = 1200 - 90$
$x = 1110$
[答え] 1110円

2 [式] $x + 2 = 6$
$x = 6 - 2$
$x = 4$
[答え] 4kg

3 [式] $x - 3 = 8$
$x = 8 + 3$
$x = 11$
[答え] 11L

4 [式] $13 - x = 6$
$x = 13 - 6$
$x = 7$
[答え] 7m

12 文字と式 値を求める

練習

▶▶▶ 本冊15ページ

1 [式] $230 \times x = 920$
$x = 920 \div 230$
$x = 4$
[答え] 4個

2 [式] $x \times 5 = 75$
$x = 75 \div 5$
$x = 15$
[答え] 15kg

3 [式] $48 \div x = 4$
$x = 48 \div 4$
$x = 12$
[答え] 12人

4 [式] $x \div 8 = 13$
$x = 13 \times 8$
$x = 104$
[答え] 104本

13 分数のかけ算 整数と分数

▶▶▶ 本冊16ページ

1 [式] $\dfrac{2}{9}$ × 4 = $\dfrac{8}{9}$
1個分の水の量　コップの個数　全体の水の量
[答え] $\dfrac{8}{9}$ (L)

2 [式] $\dfrac{3}{7}$ × 5 = $\dfrac{15}{7}$
1dLでぬれる面積　使うペンキの量　5dLでぬれる面積
[答え] $\dfrac{15}{7}$ $\left(2\dfrac{1}{7}\right)$ (m²)

ポイント

「もとにする大きさ」と,「もとにする大きさの個数」などをかけます。

14 分数のかけ算 整数と分数

▶▶▶ 本冊17ページ

1 [式] $\dfrac{1}{6}$ × 3 = $\dfrac{1}{2}$
1ふくろ分の重さ　ふくろの個数　全体の重さ
[答え] $\dfrac{1}{2}$ (kg)

2 [式] $\dfrac{1}{4}$ × 8 = 2
1人分の長さ　配った人数　全体の長さ
[答え] 2 (m)

3 [式] 8 × $\dfrac{5}{6}$ = $\dfrac{20}{3}$
全体の長さ　求める割合　長さ
[答え] $\dfrac{20}{3}$ $\left(6\dfrac{2}{3}\right)$ (m)

ポイント

2 「もとにする大きさ」は「$\dfrac{1}{4}$」,「もとにする大きさの個数」は「8」。
3 「もとにする大きさ」は「8」,「もとにする大きさの割合」は「$\dfrac{5}{6}$」。

15 分数のかけ算
整数と分数

▶▶▶ 本冊18ページ

1 [式] $\dfrac{1}{8} \times 5 = \dfrac{5}{8}$

[答え] $\dfrac{5}{8}$ kg

2 [式] $\dfrac{2}{7} \times 3 = \dfrac{6}{7}$

[答え] $\dfrac{6}{7}$ m

3 [式] $\dfrac{4}{5} \times 4 = \dfrac{16}{5}$

[答え] $\dfrac{16}{5}$ $\left(3\dfrac{1}{5}\right)$ L

4 [式] $\dfrac{4}{9} \times 5 = \dfrac{20}{9}$

[答え] $\dfrac{20}{9}$ $\left(2\dfrac{2}{9}\right)$ kg

---

16 分数のかけ算
整数と分数

▶▶▶ 本冊19ページ

1 [式] $\dfrac{3}{4} \times 6 = \dfrac{9}{2}$

[答え] $\dfrac{9}{2}$ $\left(4\dfrac{1}{2}\right)$ L

2 [式] $\dfrac{1}{3} \times 9 = 3$

[答え] 3kg

3 [式] $12 \times \dfrac{1}{6} = 2$

[答え] 2円

4 [式] $15 \times \dfrac{3}{5} = 9$

[答え] 9m²

---

17 分数のかけ算
分数と分数①

▶▶▶ 本冊20ページ

1 [式] $\dfrac{4}{7} \times \dfrac{2}{3} = \dfrac{8}{21}$
　　　1mの重さ　長さ　求める重さ

[答え] $\dfrac{8}{21}$ (kg)

2 [式] $\dfrac{7}{5} \times \dfrac{3}{4} = \dfrac{21}{20}$
　　　全体の量　　求める割合　　求める量

[答え] $\dfrac{21}{20}$ $\left(1\dfrac{1}{20}\right)$ (L)

ポイント

もとの大きさを1として，求める大きさを考えます。かけ算とわり算をまちがえないようにしましょう。

---

18 分数のかけ算
分数と分数①

▶▶▶ 本冊21ページ

1 [式] $\dfrac{5}{8} \times \dfrac{3}{2} = \dfrac{15}{16}$
　　　縦の長さ　横の長さ　面積

[答え] $\dfrac{15}{16}$ (m²)

2 [式] $\dfrac{7}{3} \times \dfrac{3}{8} = \dfrac{7}{8}$
　　　1分間に出る量　使う時間　求める量

[答え] $\dfrac{7}{8}$ (L)

3 [式] $\dfrac{4}{3} \times \dfrac{15}{8} = \dfrac{5}{2}$
　　　1kg分で必要な量　全部の量　求める量

[答え] $\dfrac{5}{2}$ $\left(2\dfrac{1}{2}\right)$ (kg)

ポイント

かけ算をする前に約分すると，計算まちがいを防ぐことができます。それ以上約分ができないかを確認してから，かけ算をしましょう。

---

19 分数のかけ算
分数と分数①

▶▶▶ 本冊22ページ

1 [式] $\dfrac{4}{7} \times \dfrac{2}{3} = \dfrac{8}{21}$

[答え] $\dfrac{8}{21}$ m²

2 [式] $\dfrac{5}{6} \times \dfrac{1}{4} = \dfrac{5}{24}$

[答え] $\dfrac{5}{24}$ m²

3 [式] $\dfrac{5}{9} \times \dfrac{3}{5} = \dfrac{1}{3}$

[答え] $\dfrac{1}{3}$ L

4 [式] $\dfrac{3}{10} \times \dfrac{2}{7} = \dfrac{3}{35}$

[答え] $\dfrac{3}{35}$ kg

20 分数のかけ算
分数と分数① 〔練習〕

▶▶▶ 本冊23ページ

1 [式] $\dfrac{6}{7} \times \dfrac{8}{5} = \dfrac{48}{35}$

[答え] $\dfrac{48}{35}$ $\left(1\dfrac{13}{35}\right)$ g

2 [式] $6\dfrac{2}{3} \times \dfrac{3}{10} = 2$

[答え] 2km

3 [式] $\dfrac{3}{5} \times \dfrac{25}{6} = \dfrac{5}{2}$

[答え] $\dfrac{5}{2}$ $\left(2\dfrac{1}{2}\right)$ g

4 [式] $\dfrac{18}{7} \times \dfrac{14}{3} = 12$

[答え] 12L

ポイント

2 18分は，$\dfrac{\overset{3}{\cancel{18}}}{\underset{10}{\cancel{60}}} = \dfrac{3}{10}$ より，$\dfrac{3}{10}$ 時間です。

4 約分の回数が多く，計算まちがいをしやすいのでていねいに計算しましょう。

$\dfrac{\overset{6}{\cancel{18}}}{\cancel{7}} \times \dfrac{\overset{2}{\cancel{14}}}{\underset{1}{\cancel{3}}} = 12$

21 分数のかけ算
分数と分数② 〔理解〕

▶▶▶ 本冊24ページ

1 [式] $\dfrac{4}{5} \times 1\dfrac{1}{2} = \dfrac{6}{5}$

1m分の重さ　長さ　求める重さ

[答え] $\dfrac{6}{5}$ $\left(1\dfrac{1}{5}\right)$ (kg)

2 [式] $1\dfrac{4}{9} \times 6 = \dfrac{26}{3}$

1人分の長さ　配る人数　求める長さ

[答え] $\dfrac{26}{3}$ $\left(8\dfrac{2}{3}\right)$ (m)

ポイント

帯分数は仮分数にしてから計算することに注意します。けた数が大きくなることや約分などで計算まちがいをしやすので注意しましょう。

22 分数のかけ算
分数と分数② 〔理解〕

▶▶▶ 本冊25ページ

1 [式] $1\dfrac{2}{3} \times \dfrac{7}{10} = \dfrac{7}{6}$

1分間の回転数　回転する時間　求める回転数

[答え] $\dfrac{7}{6}$ $\left(1\dfrac{1}{6}\right)$ (回転)

2 [式] $24 \times 1\dfrac{5}{12} = 34$

1分間の水の量　開ける時間　求める水の量

[答え] 34（L）

3 [式] $2\dfrac{2}{5} \times 1\dfrac{2}{3} = 4$

1m²分の重さ　面積　求める重さ

[答え] 4（kg）

ポイント

（帯分数）×（帯分数）は計算まちがいをしやすいので注意しましょう。帯分数を仮分数になおしてからかけ算をするという計算の順番は，（真分数）×（帯分数）のときと同じです。

23 分数のかけ算
分数と分数② 〔練習〕

▶▶▶ 本冊26ページ

1 [式] $\dfrac{7}{8} \times 1\dfrac{2}{3} = \dfrac{35}{24}$

[答え] $\dfrac{35}{24}$ $\left(1\dfrac{11}{24}\right)$ kg

2 [式] $\dfrac{3}{4} \times 2\dfrac{4}{5} = \dfrac{21}{10}$

[答え] $\dfrac{21}{10}$ $\left(2\dfrac{1}{10}\right)$ m²

3 [式] $18000 \times \dfrac{17}{240} = 1275$

[答え] 1275m

4 [式] $1\dfrac{1}{8} \times 4 = \dfrac{9}{2}$

[答え] $\dfrac{9}{2}$ $\left(4\dfrac{1}{2}\right)$ L

24 分数のかけ算
分数と分数② 〔練習〕

▶▶▶ 本冊27ページ

1 [式] $2\dfrac{7}{9} \times 12 = \dfrac{100}{3}$

[答え] $\dfrac{100}{3}$ $\left(33\dfrac{1}{3}\right)$ kg

2 [式] $1\frac{5}{12} \times \frac{4}{7} = \frac{17}{21}$

[答え] $\frac{17}{21}$ kg

3 [式] $2\frac{7}{10} \times \frac{2}{9} = \frac{3}{5}$

[答え] $\frac{3}{5}$ L

4 [式] $2 \times 2\frac{3}{5} = \frac{26}{5}$

[答え] $\frac{26}{5}$ $(5\frac{1}{5})$ kg

▶▶▶ 本冊28ページ

25 分数のかけ算 分数と分数② 練習

1 [式] $18 \times 2\frac{3}{8} = \frac{171}{4}$

[答え] $\frac{171}{4}$ $(42\frac{3}{4})$ km

2 [式] $4\frac{2}{3} \times 1\frac{1}{7} = \frac{16}{3}$

[答え] $\frac{16}{3}$ $(5\frac{1}{3})$ m

3 [式] $3\frac{3}{5} \times 2\frac{1}{3} = \frac{42}{5}$

[答え] $\frac{42}{5}$ $(8\frac{2}{5})$ m²

4 [式] $2\frac{2}{11} \times 8\frac{1}{4} = 18$

[答え] 18m

26 分数のかけ算のまとめ パズルゲーム

▶▶▶ 本冊29ページ

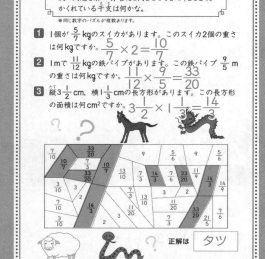

次の問題を解いて、答えと同じところをぬりましょう。
かくれている干支は何かな。
※同じ数字のパズルが複数あります。

1 1個が$\frac{5}{7}$ kgのスイカがあります。このスイカ2個の重さは何kgですか。 $\frac{5}{7} \times 2 = \frac{10}{7}$

2 1mで$\frac{11}{12}$ kgの鉄パイプがあります。この鉄パイプ$\frac{9}{5}$ mの重さは何kgですか。 $\frac{11}{12} \times \frac{9}{5} = \frac{33}{20}$

3 縦$3\frac{1}{2}$ cm, 横$1\frac{1}{3}$ cmの長方形があります。この長方形の面積は何cm²ですか。 $3\frac{1}{2} \times 1\frac{1}{3} = \frac{14}{3}$

正解は タツ

▶▶▶ 本冊30ページ

27 分数のわり算 整数と分数のわり算 理解

1 [式] $\frac{6}{5} \div 4 = \frac{3}{10}$
4mの重さ　1mの4倍　1mの重さ

[答え] $\frac{3}{10}$ (kg)

2 [式] $\frac{15}{4} \div 3 = \frac{5}{4}$
3dLでぬれる面積　1dLの3倍　1dLでぬれる面積

[答え] $\frac{5}{4}$ $(1\frac{1}{4})$ (m²)

ポイント

わられる数にわる数の逆数をかけます。

1 $\frac{6}{5} \div 4 = \frac{6}{5} \times \frac{1}{4} = \frac{3}{10}$
2 $\frac{15}{4} \div 3 = \frac{15}{4} \times \frac{1}{3} = \frac{5}{4}$

▶▶▶ 本冊31ページ

28 分数のわり算 整数と分数のわり算 理解

1 [式] $1\frac{7}{8} \div 5 = \frac{3}{8}$
5分間に出た水の量　1分間の5倍　1分間に出た水の量

[答え] $\frac{3}{8}$ (L)

2 [式] $\frac{32}{9} \div 4 = \frac{8}{9}$
4Lの重さ　1Lの4倍　1Lの重さ

[答え] $\frac{8}{9}$ (kg)

3 [式] $16\frac{2}{7} \div 6 = \frac{19}{7}$
面積　　縦の長さ　横の長さ

[答え] $\frac{19}{7}$ $(2\frac{5}{7})$ (cm)

ポイント

3 縦×横＝面積の関係を使います。

29 分数のわり算
整数と分数のわり算 〔練習〕

▶▶▶ 本冊32ページ

1 [式] $\dfrac{15}{2} \div 3 = \dfrac{5}{2}$

[答え] $\dfrac{5}{2}$ $\left(2\dfrac{1}{2}\right)$ kg

2 [式] $8 \div \dfrac{3}{4} = \dfrac{32}{3}$

[答え] $\dfrac{32}{3}$ $\left(10\dfrac{2}{3}\right)$ L

3 [式] $15 \div \dfrac{5}{6} = 18$

[答え] 18km

4 [式] $22\dfrac{1}{2} \div 9 = \dfrac{5}{2}$

[答え] $\dfrac{5}{2}$ $\left(2\dfrac{1}{2}\right)$ cm

30 分数のわり算
整数と分数のわり算 〔練習〕

▶▶▶ 本冊33ページ

1 [式] $\dfrac{28}{3} \div 4 = \dfrac{7}{3}$

[答え] $\dfrac{7}{3}$ $\left(2\dfrac{1}{3}\right)$ m

2 [式] $\dfrac{12}{17} \div 6 = \dfrac{2}{17}$

[答え] $\dfrac{2}{17}$ m²

3 [式] $750 \div \dfrac{5}{11} = 1650$

[答え] 1650m

4 [式] $26\dfrac{2}{3} \div 8 = \dfrac{10}{3}$

[答え] $\dfrac{10}{3}$ $\left(3\dfrac{1}{3}\right)$ cm

31 分数のわり算
分数のわり算 〔理解〕

▶▶▶ 本冊34ページ

1 [式] $\underset{\frac{6}{7}\text{m分の重さ}}{\dfrac{2}{9}} \div \underset{\text{Imの}\frac{6}{7}\text{倍}}{\dfrac{6}{7}} = \underset{\text{Imの重さ}}{\dfrac{7}{27}}$

[答え] $\dfrac{7}{27}$ (kg)

2 [式] $\underset{\frac{7}{4}\text{dLでぬれる面積}}{\dfrac{5}{6}} \div \underset{\text{IdLの}\frac{7}{4}\text{倍}}{\dfrac{7}{4}} = \underset{\text{IdLでぬれる面積}}{\dfrac{10}{21}}$

[答え] $\dfrac{10}{21}$ (m²)

> **ポイント**
>
> わられる数にわる数の逆数をかけます。
>
> **1** $\dfrac{2}{9} \div \dfrac{6}{7} = \dfrac{2}{9} \times \dfrac{7}{6} = \dfrac{7}{27}$
>
> **2** $\dfrac{5}{6} \div \dfrac{7}{4} = \dfrac{5}{6} \times \dfrac{4}{7} = \dfrac{10}{21}$

32 分数のわり算
分数のわり算 〔理解〕

▶▶▶ 本冊35ページ

1 [式] $\underset{\text{4mの重さ}}{\dfrac{8}{3}} \div \underset{\text{Imの4倍}}{4} = \underset{\text{Imの重さ}}{\dfrac{2}{3}}$

[答え] $\dfrac{2}{3}$ (kg)

2 [式] $\underset{1\frac{1}{5}\text{分間の水の量}}{\dfrac{6}{7}} \div \underset{\text{1分間の}1\frac{1}{5}\text{倍}}{1\dfrac{1}{5}} = \underset{\text{1分間の水の量}}{\dfrac{5}{7}}$

[答え] $\dfrac{5}{7}$ (L)

3 [式] $\underset{\text{面積}}{2.8} \div \underset{\text{縦の長さ}}{1\dfrac{3}{4}} = \underset{\text{横の長さ}}{\dfrac{8}{5}}$

[答え] $\dfrac{8}{5}$ $\left(1\dfrac{3}{5}, \ 1.6\right)$ (cm)

> **ポイント**
>
> **3**「縦×横＝面積」の関係を用います。
>
> **ここが** ニガテ ------------------------------
>
> 分数と小数がまじった計算の場合，小数を分数になおして計算するようにしましょう。
>
> $2.8 \div 1\dfrac{3}{4} = 2\dfrac{4}{5} \div 1\dfrac{3}{4} = \dfrac{14}{5} \div \dfrac{7}{4}$

1 [式] $\dfrac{7}{8} \div \dfrac{3}{4} = \dfrac{7}{6}$

[答え] $\dfrac{7}{6}$ （$1\dfrac{1}{6}$）m

2 [式] $4 \div \dfrac{5}{6} = 4\dfrac{4}{5}$

[答え] 4時間48分

3 [式] $1 \div \dfrac{9}{8} = \dfrac{8}{9}$

[答え] $\dfrac{8}{9}$ cm

4 [式] $2.4 \div \dfrac{3}{10} = 8$

[答え] 8 L

ポイント

2 $\dfrac{4}{5}$ 時間は，$60 \times \dfrac{4}{5} = 48$（分）です。

---

1 [式] $\dfrac{4}{3} \div \dfrac{2}{5} = \dfrac{10}{3}$

[答え] 200秒

2 [式] $\dfrac{12}{7} \div 8 = \dfrac{3}{14}$

[答え] $\dfrac{3}{14}$ kg

3 [式] $5\dfrac{1}{4} \div 2\dfrac{2}{3} = \dfrac{63}{32}$

[答え] $\dfrac{63}{32}$ （$1\dfrac{31}{32}$）cm

4 [式] $7.8 \div 1\dfrac{2}{3} = 7\dfrac{4}{5} \div 1\dfrac{2}{3} = \dfrac{117}{25}$

[答え] $\dfrac{117}{25}$ （$4\dfrac{17}{25}$）L

ポイント

1 $\dfrac{10}{3}$ 分は，$60 \times \dfrac{10}{3} = 200$（秒）です。

---

1 [式] $\underset{\text{ある重さ}}{\dfrac{7}{8}} \div \underset{\text{もとの重さ}}{\dfrac{3}{4}} = \underset{\text{求める割合}}{\dfrac{7}{6}}$

[答え] $\dfrac{7}{6}$ （$1\dfrac{1}{6}$）

2 [式] $\underset{\text{ある長さ}}{\dfrac{2}{3}} \div \underset{\text{もとの長さ}}{\dfrac{8}{9}} = \underset{\text{求める割合}}{\dfrac{3}{4}}$

[答え] $\dfrac{3}{4}$ （倍）

ポイント

1にするもとの大きさがどれにあたるかを確認します。かけ算とまちがえやすいので注意しましょう。

---

1 [式] $\underset{\text{ある重さ}}{\dfrac{5}{8}} \div \underset{\text{もとの重さ}}{1\dfrac{1}{4}} = \underset{\text{求める割合}}{\dfrac{1}{2}}$

[答え] $\dfrac{1}{2}$ （倍）

2 [式] $\underset{\text{ある長さ}}{2\dfrac{4}{5}} \div \underset{\text{もとの長さ}}{\dfrac{7}{10}} = \underset{\text{求める割合}}{4}$

[答え] 4 （倍）

3 [式] $\underset{\text{ある量}}{1\dfrac{3}{4}} \div \underset{\text{もとの量}}{2\dfrac{4}{5}} = \underset{\text{求める割合}}{\dfrac{5}{8}}$

[答え] $\dfrac{5}{8}$ （倍）

ポイント

帯分数は，仮分数になおしてから計算しましょう。

ここが ニガテ

わかりにくいときは，求める割合を x とおいて式を立て，そこからわり算で x を求めましょう。

37 分数のわり算
分数の倍とかけ算・わり算① 練習

▶▶▶ 本冊40ページ

1 [式] $\frac{6}{7} \div \frac{3}{8} = \frac{16}{7}$

[答え] $\frac{16}{7}$ $\left(2\frac{2}{7}\right)$

2 [式] $\frac{5}{9} \div \frac{5}{12} = \frac{4}{3}$

[答え] $\frac{4}{3}$ $\left(1\frac{1}{3}\right)$

3 [式] $\frac{5}{6} \div \frac{8}{3} = \frac{5}{16}$

[答え] $\frac{5}{16}$

4 [式] $\frac{10}{7} \div 1\frac{1}{4} = \frac{8}{7}$

[答え] $\frac{8}{7}$ $\left(1\frac{1}{7}\right)$ 倍

 38 分数のわり算
分数の倍とかけ算・わり算① 練習

▶▶▶ 本冊41ページ

1 [式] $\frac{5}{2} \div 5\frac{1}{4} = \frac{10}{21}$

[答え] $\frac{10}{21}$ 倍

2 [式] $4\frac{1}{5} \div 2\frac{1}{3} = \frac{9}{5}$

[答え] $\frac{9}{5}$ $\left(1\frac{4}{5}\right)$ 倍

3 [式] $3\frac{1}{3} \div 2\frac{3}{4} = \frac{40}{33}$

[答え] $\frac{40}{33}$ $\left(1\frac{7}{33}\right)$ 倍

4 [式] $2\frac{5}{8} \div 6\frac{3}{4} = \frac{7}{18}$

[答え] $\frac{7}{18}$ 倍

 39 分数のわり算
分数の倍とかけ算・わり算② 理解

▶▶▶ 本冊42ページ

1 [式] $80 \times \frac{3}{2} = 120$
　　　1とみる値段　割合　消しゴムの値段

[答え] 120 (円)

2 [式] $6 \times \frac{2}{3} = 4$
　　　1とみる重さ　割合　求める重さ

[答え] 4 (kg)

ポイント

「1とみる大きさ」×「割合」で求めます。
1とみる大きさをまず確認しましょう。

 40 分数のわり算
分数の倍とかけ算・わり算② 理解

▶▶▶ 本冊43ページ

1 [式] $\frac{7}{9} \times \frac{3}{7} = \frac{1}{3}$
　　　1とみる長さ　割合　青いリボンの長さ

[答え] $\frac{1}{3}$ (m)

2 [式] $1\frac{7}{8} \times \frac{4}{9} = \frac{5}{6}$
　　　1とみる量　割合　オレンジジュースの量

[答え] $\frac{5}{6}$ (L)

3 [式] $5\frac{1}{3} \times 2\frac{1}{4} = 12$
　　　1とみる量　割合　なしの重さ

[答え] 12 (kg)

ポイント

帯分数のあるかけ算では，帯分数を仮分数にな
おして計算しましょう。

 41 分数のわり算
分数の倍とかけ算・わり算② 練習

▶▶▶ 本冊44ページ

1 [式] $210 \times \frac{5}{3} = 350$

[答え] 350 円

2 [式] $36 \times \frac{8}{9} = 32$

[答え] 32 人

3 [式] $49 \times \frac{5}{7} = 35$

[答え] 35

4 [式] $8 \times \frac{3}{4} = 6$

[答え] 6 cm

分数のわり算
分数の倍とかけ算・わり算② 練習

▶▶▶ 本冊45ページ

1 [式] $100 \times \dfrac{5}{4} = 125$

[答え] 125m

2 [式] $18 \times \dfrac{8}{3} = 48$

[答え] 48dL

3 [式] $\dfrac{4}{5} \times \dfrac{1}{2} = \dfrac{2}{5}$

[答え] $\dfrac{2}{5}$kg

4 [式] $\dfrac{3}{7} \times \dfrac{5}{6} = \dfrac{5}{14}$

[答え] $\dfrac{5}{14}$L

 分数のわり算
分数の倍とかけ算・わり算③ 理解

▶▶▶ 本冊46ページ

1 [式] $\overset{\text{エックス}}{x} \times \dfrac{5}{7} = \dfrac{7}{10}$

1dL 分の面積　割合　$\frac{5}{7}$dL 分の面積

$\dfrac{7}{10} \div \dfrac{5}{7} = \dfrac{49}{50}$

$\frac{5}{7}$dL 分の面積　割合　1dL 分の面積

[答え] $\dfrac{49}{50}$（m²）

2 [式] $x \times \dfrac{8}{5} = 720$

小説の値段　割合　雑誌の値段

$720 \div \dfrac{8}{5} = 450$

雑誌の値段　割合　小説の値段

[答え] 450（円）

ポイント

まず，求める値を x や □ として式を立てましょう。わり算は，逆数のかけ算として計算してもよいです。

1 $\dfrac{7}{10} \div \dfrac{5}{7} = \dfrac{7}{10} \times \dfrac{7}{5}$

2 $720 \div \dfrac{8}{5} = 720 \times \dfrac{5}{8}$

ここが → ニ ガ テ -

2 整数÷分数の場合も計算の方法は同じです。

$720 = \dfrac{720}{1}$ とみて計算しましょう。

 分数のわり算
分数の倍とかけ算・わり算③ 理解

▶▶▶ 本冊47ページ

1 [式] $\overset{\text{エックス}}{x} \times 1\dfrac{1}{7} = 48$

けんいちさんの体重　割合　こうすけさんの体重

$48 \div \dfrac{8}{7} = 42$

こうすけさんの体重　割合　けんいちさんの体重

[答え] 42（kg）

2 [式] $x \times \dfrac{4}{9} = 1\dfrac{3}{5}$

けんたさんのバッグ　割合　よしおさんのバッグ

$1\dfrac{3}{5} \div \dfrac{4}{9} = \dfrac{18}{5}$

よしおさんのバッグ　割合　けんたさんのバッグ

[答え] $\dfrac{18}{5}$（$3\dfrac{3}{5}$）（kg）

ポイント

帯分数は仮分数になおして計算しましょう。

1 $1\dfrac{1}{7} = \dfrac{8}{7}$

2 $1\dfrac{3}{5} = \dfrac{8}{5}$

 分数のわり算
分数の倍とかけ算・わり算③ 練習

▶▶▶ 本冊48ページ

1 [式] $\overset{\text{エックス}}{x} \times \dfrac{4}{5} = \dfrac{3}{10}$

$\dfrac{3}{10} \div \dfrac{4}{5} = \dfrac{3}{8}$

[答え] $\dfrac{3}{8}$L

2 [式] $x \times \dfrac{11}{6} = \dfrac{5}{12}$

$\dfrac{5}{12} \div \dfrac{11}{6} = \dfrac{5}{22}$

[答え] $\dfrac{5}{22}$m

3 [式] $x \times \dfrac{4}{13} = 12$

$12 \div \dfrac{4}{13} = 39$

[答え] 39ひき

4 [式] $x \times \dfrac{12}{19} = 24$

$24 \div \dfrac{12}{19} = 38$

[答え] 38人

46 分数のわり算 分数の倍とかけ算・わり算③ 練習

▶▶▶ 本冊49ページ

1 [式] $x \times 6\frac{1}{4} = 6$

$6 \div 6\frac{1}{4} = \frac{24}{25}$

[答え] $\frac{24}{25}$ m²

2 [式] $\frac{1}{6} \div 1\frac{1}{3} = \frac{1}{8}$

[答え] $\frac{1}{8}$ 倍

3 [式] $x \times 2\frac{1}{10} = 1\frac{2}{5}$

$1\frac{2}{5} \div 2\frac{1}{10} = \frac{2}{3}$

[答え] $\frac{2}{3}$ m

4 [式] $x \times 1\frac{5}{6} = 2\frac{2}{3}$

$2\frac{2}{3} \div 1\frac{5}{6} = \frac{16}{11}$

[答え] $\frac{16}{11}$ $\left(1\frac{5}{11}\right)$ m

47 分数のわり算のまとめ 暗号ゲーム

▶▶▶ 本冊50ページ

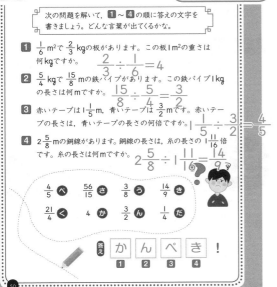

次の問題を解いて，**1**～**4**の順に答えの文字を書きましょう。どんな言葉が出てくるかな。

1 $\frac{1}{6}$ m²で $\frac{2}{3}$ kgの板があります。この板1m²の重さは何kgですか。 $\frac{2}{3} \div \frac{1}{6} = 4$

2 $\frac{5}{4}$ kgで $\frac{15}{8}$ mの鉄パイプがあります。この鉄パイプ1kgの長さは何mですか。 $\frac{15}{8} \div \frac{5}{4} = \frac{3}{2}$

3 赤いテープは $1\frac{1}{5}$ m，青いテープは $\frac{3}{2}$ mです。赤いテープの長さは，青いテープの長さの何倍ですか。 $1\frac{1}{5} \div \frac{3}{2} = \frac{4}{5}$

4 $2\frac{5}{8}$ mの銅線があります。銅線の長さは，糸の長さの $1\frac{11}{16}$ 倍です。糸の長さは何mですか。 $2\frac{5}{8} \div 1\frac{11}{16} = \frac{14}{9}$

| $\frac{4}{5}$ べ | $\frac{56}{15}$ さ | $\frac{3}{8}$ り | $\frac{14}{9}$ き |
| $\frac{21}{4}$ く | 4 か | $\frac{3}{2}$ ん | $\frac{1}{4}$ た |

[答え] か ん ペ き ！
　　　 1 **2** **3** **4**

50

48 比と比の値 比の一方の量を求める 理解

▶▶▶ 本冊51ページ

1 [式] $100 \div \frac{5}{2} = 40$
　　　 水の重さ　比の値 食塩の重さ

[答え] 40（g）

2 [式] $60 \div \frac{3}{4} = 80$
　　　 縦の長さ 比の値 横の長さ

[答え] 80（cm）

ポイント

比の値の意味をしっかり確認しましょう。求めたい値が比の値の分母にあたる場合，わり算で求めます。
1 水：食塩＝5：2で，求めたいのは食塩の重さなので，2にあたります。
2 縦：横＝3：4で，求めたいのは横の長さなので，4にあたります。

49 比と比の値 比の一方の量を求める 理解

▶▶▶ 本冊52ページ

1 [式] $12 \times 3 = 36$
　　　 女子の人数 比の値 男子の人数

[答え] 36（人）

2 [式] $85.5 \times \frac{5}{3} = 142.5$
　　　 砂糖の重さ 比の値 小麦粉の重さ

[答え] 142.5（g）

ポイント

求めたい値が比の値の分子にあたる場合，かけ算で求めます。
1 男子：女子＝3：1で，求めたいのは男子の人数なので，3にあたります。
2 小麦粉：砂糖＝5：3で，求めたいのは小麦粉の重さなので，5にあたります。

50 比と比の値
比の一方の量を求める
練習

▶▶▶ 本冊53ページ

1 [式] $32 \times \dfrac{5}{4} = 40$

[答え] 40人

2 [式] $12 \times \dfrac{5}{2} = 30$

[答え] 30冊

3 [式] $75 \times \dfrac{8}{15} = 40$

[答え] 40kg

4 [式] $840 \times \dfrac{3}{4} = 630$

[答え] 630円

ポイント

1 男子：女子＝4：5で，求めたいのは女子の人数なので，5にあたります。
2 小説：図かん＝5：2で，求めたいのは小説の数なので，5にあたります。
3 ただしさん：お父さん＝8：15で，求めたいのはただしさんの体重なので，8にあたります。
4 Aさん：Bさん＝3：4で，求めたいのはAさんの金額なので，3にあたります。

51 比と比の値
比の一方の量を求める
練習

▶▶▶ 本冊54ページ

1 [式] $10.8 \times \dfrac{9}{4} = 24.3$

[答え] 24.3cm³

2 [式] $52.2 \times \dfrac{33}{29} = 59.4$

[答え] 59.4g

3 [式] $14 \div \dfrac{7}{6} = 12$

[答え] 12m

4 [式] $24 \div \dfrac{8}{3} = 9$

[答え] 9cm

ポイント

求める値ともとの大きさのどちらを1にするかで，かける・わるが決まります。
1 赤色：黄色＝9：4で，黄色のペンキを1とみるのでかけ算です。

2 A：B＝33：29で，卵Bを1とみるのでかけ算です。
3 青：赤＝7：6で，青い紙テープを1とみるのでわり算です。
4 底辺：高さ＝8：3で，底辺の長さを1とみるのでわり算です。

52 比と比の値
比の一方の量を求める
練習

▶▶▶ 本冊55ページ

1 [式] $18 \div \dfrac{9}{16} = 32$

[答え] 32m

2 [式] $\dfrac{2}{3} \div \dfrac{4}{5} = \underset{\text{比の値}}{\dfrac{5}{6}}$

$15 \div \dfrac{5}{6} = 18$

[答え] 時速18km

3 [式] $\dfrac{5}{6} \div \dfrac{2}{9} = \underset{\text{比の値}}{\dfrac{15}{4}}$

$8.4 \times \dfrac{15}{4} = 31.5$

[答え] 31.5cm

4 [式] $1\dfrac{1}{4} \div 1\dfrac{1}{2} = \underset{\text{比の値}}{\dfrac{5}{6}}$

$450 \div \dfrac{5}{6} = 540$

[答え] 540m²

ポイント

2，**3**，**4** はまず比の値を求めましょう。そのあとの計算の考え方はこれまでと同じです。

53 比と比の値
全体を部分と部分の比で分ける
理解

▶▶▶ 本冊56ページ

1 [式] $\underset{\text{全体の量}}{1500} \times \underset{\text{水の割合}}{\dfrac{4}{5}} = \underset{\text{水の量}}{1200}$

[答え] 1200(mL)

2 [式] $\underset{\text{全体の長さ}}{16} \times \underset{\text{割合}}{\dfrac{3}{8}} = \underset{\text{求める長さ}}{6}$

[答え] 6(m)

54 比と比の値
全体を部分と部分の比で分ける　理解

▶▶▶ 本冊57ページ

1 [式] $30000 \times \dfrac{3}{5} = 18000$

　　　全体の金額　割合　たろうさんの金額

[答え] 18000（円）

2 [式] $24 \times \dfrac{11}{24} = 11$

　　　全体の時間　割合　夜の時間

[答え] 11（時間）

55 比と比の値
全体を部分と部分の比で分ける　練習

▶▶▶ 本冊58ページ

1 [式] $1800 \times \dfrac{2}{3} = 1200$

[答え] 1200mL

2 [式] $700 \times \dfrac{9}{14} = 450$

[答え] 450冊(さつ)

3 [式] $420 \times \dfrac{3}{7} = 180$

[答え] 180枚(まい)

4 [式] $12000 \times \dfrac{5}{8} = 7500$

[答え] 7500km^2

56 比と比の値
全体を部分と部分の比で分ける　練習

▶▶▶ 本冊59ページ

1 [式] $240 \times \dfrac{7}{10} = 168$

[答え] 168g

2 [式] $45 \times \dfrac{5}{9} = 25$

[答え] 25人

3 [式] $180 \times \dfrac{7}{9} = 140$

[答え] 140cm

4 [式] $2200 \times \dfrac{6}{11} = 1200$

[答え] 1200枚

57 比と比の値
全体を部分と部分の比で分ける　練習

▶▶▶ 本冊60ページ

1 [式] $246 \times \dfrac{17}{24} = \dfrac{697}{4}$

[答え] $\dfrac{697}{4}$ $\left(174\dfrac{1}{4}\right)$ g

2 [式] $90 \times \dfrac{37}{50} = \dfrac{333}{5}$

[答え] $\dfrac{333}{5}$ $\left(66\dfrac{3}{5}\right)$ cm^2

3 [式] $100000 \times \dfrac{29}{40} = 72500$

[答え] 72500円

4 [式] $24 \times \dfrac{13}{25} = 12\dfrac{12}{25}$

[答え] 12時間28分48秒

58 比と比の値
全体を部分と部分の比で分ける　練習

▶▶▶ 本冊61ページ

1 [式] $\dfrac{7}{10} + \dfrac{4}{5} = \dfrac{3}{2}$

　　　　　　　　　　比の和

　　$\dfrac{7}{10} \div \dfrac{3}{2} = \dfrac{7}{15}$

　　　　　　　　　割合(わりあい)

　　$150 \times \dfrac{7}{15} = 70$

[答え] 70g

2 ［式］ $\dfrac{1}{3}+\dfrac{1}{5}=\dfrac{8}{15}$

　　　　　　　　比の和

$\dfrac{1}{5}÷\dfrac{8}{15}=\dfrac{3}{8}$

　　　　　　割合

$15×\dfrac{3}{8}=\dfrac{45}{8}$

［答え］ $\dfrac{45}{8}$ $\left(5\dfrac{5}{8}\right)$ m

3 ［式］ $30÷2=15$

　　　　　縦と横の和

$15×\dfrac{3}{5}=9$

［答え］9cm

4 ［式］ $120-30=90$

　　　　サラダ油としょう油の和

$90×\dfrac{2}{3}=60$

［答え］60mL

ポイント

1 2 比が分数の場合は，分数の和を全体とし
て求める値の割合を考えるようにします。
3 長方形の場合，まわりの長さの $\dfrac{1}{2}$ が，縦の
長さと横の長さの和になります。

59 比と比の値のまとめ
比の値の部屋

▶▶▶ 本冊62ページ

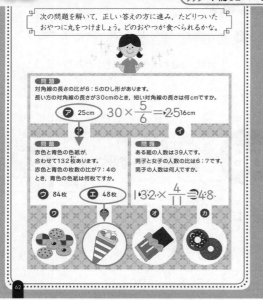

次の問題を解いて，正しい答えの方に進み，たどりついた
おやつに丸をつけましょう。どのおやつが食べられるかな。

問題
対角線の長さの比が6：5のひし形があります。
長い方の対角線の長さが30cmのとき，短い対角線の長さは何cmですか。

ア 25cm　　$30×\dfrac{5}{6}=25$ 36cm

イ

問題
赤色と青色の色紙が，
合わせて132枚あります。
赤色と青色の枚数の比が7：4のとき，青色の色紙は何枚ですか。

問題
ある組の人数は39人です。
男子と女子の人数の比は6：7です。
男子の人数は何人ですか。

ウ 84枚　　エ 48枚　　$132×\dfrac{4}{11}=48$

ウ　　オ　　カ

62

60 縮図
縮図の利用

理 解

▶▶▶ 本冊63ページ

1 ［式］ $10 ÷ 30000 = \dfrac{1}{3000}$

　　　縮めた長さ　実際の長さ　　縮尺

［答え］ $\dfrac{1}{3000}$

2 ［式］ $2.5 × 1000 = 2500$

　　　縮めた長さ　縮尺の分母　実際の長さ

［答え］25（m）

ポイント

縮尺は，もとの大きさを1としたときの縮めた
割合のことです。比と同じようにかけ算とわり
算の場合があるので注意します。単位の計算に
も注意しましょう。
2 2500cm＝25mです。

61 縮図
縮図の利用

理 解

▶▶▶ 本冊64ページ

1 ［式］ $300000×\dfrac{1}{2000}=150$

　　　実際の長さ　　縮尺　縮めた長さ

［答え］150（cm）

2 ［式］ $8.5×100=850$

　　　　　　ACの長さ

$8.5 + 1.5 = 10$

ACの長さ　たかこさんの身長　木の高さ

［答え］10（m）

ポイント

求める長さの単位にもとの長さの単位をそろえ
ます。けた数が大きいので，0の数をまちがえ
ないように注意しましょう。
2 850cm＝8.5mです。たかこさんの身長を
たすのを忘れないようにします。

62 縮図
縮図の利用

練習

▶▶▶ 本冊65ページ

1 [式] $15 \div 30000 = \dfrac{1}{2000}$

[答え] $\dfrac{1}{2000}$

2 [式] $20 \div 100000 = \dfrac{1}{5000}$

[答え] $\dfrac{1}{5000}$

3 [式] $3 \div \dfrac{1}{400} = 1200$

[答え] 12m

4 [式] $2 \div \dfrac{1}{8000} = 16000$

[答え] 160m

ポイント

> **1** 300m＝30000cmです。
> **2** 1km＝100000cmです。
> **3** 1200cm＝12mです。
> **4** 16000cm＝160mです。

63 縮図
縮図の利用

練習

▶▶▶ 本冊66ページ

1 [式] $500000 \times \dfrac{1}{20000} = 25$

[答え] 25cm

2 [式] $250000 \times \dfrac{1}{5000} = 50$

[答え] 50cm

3 [式] $3 \div \dfrac{1}{800} = 2400$

[答え] 24m

4 [式] $2 \div \dfrac{1}{1000} = 2000$

$6 \div \dfrac{1}{1000} = 6000$

$20 \times 60 = 1200$

[答え] 1200m²

ポイント

> **1** 5km＝500000cmです。
> **2** 2.5km＝250000cmです。
> **3** 2400cm＝24mです。
> **4** 2000cm＝20m，6000cm＝60mです。

64 比例と反比例
比例の利用

理解

▶▶▶ 本冊67ページ

1 [式] $\underset{4\text{L分}}{32} \times \underset{4\text{倍}}{4} = \underset{16\text{L分}}{128}$

[答え] 128(km)

2 [式] $\underset{6\text{m分}}{72} \times \underset{5\text{倍}}{5} = \underset{30\text{m分}}{360}$

[答え] 360(g)

ポイント

> もとの大きさの何倍なのかをまず計算します。
> 比例の関係はかけ算を使って値を求めることに
> 注意します。
> **1** もとの大きさは 4L で，今回は 16L なので，
> $16 \div 4 = 4$（倍）。
> **2** もとの大きさは 6m で，今回は 30m なので，
> $30 \div 6 = 5$（倍）。

65 比例と反比例
比例の利用

理解

▶▶▶ 本冊68ページ

1 [式] $\underset{\text{ある大きさ}}{10} \div \underset{\text{もとの大きさ}}{30} = \underset{\text{倍}}{\dfrac{1}{3}}$

$\underset{30\text{L分}}{15} \times \underset{\text{倍}}{\dfrac{1}{3}} = \underset{10\text{L分}}{5}$

[答え] 5(分)

2 [式] $\underset{\text{もとの面積}}{36} \times \underset{\text{倍}}{\dfrac{1}{2}} = \underset{\text{求める面積}}{18}$

[答え] 18(cm²)

3 [式] $\underset{\text{縦}}{3} \times \underset{\text{横}}{7} = \underset{\text{面積}}{21}$

$\underset{\text{もとの面積}}{21} \times \underset{\text{倍}}{3} = \underset{\text{求める面積}}{63}$

[答え] 63(cm²)

ポイント

> **2 3** 面積公式では，実際に長さをあてはめて
> 計算してもよいです。

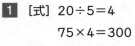

66 比例と反比例
比例の利用

▶▶▶ 本冊69ページ

1 [式] $20÷5=4$

$75×4=300$

[答え] 300km

2 [式] $90÷60=\dfrac{3}{2}$

$120×\dfrac{3}{2}=180$

[答え] 180km

3 [式] $24÷4.8=5$

$72×5=360$

[答え] 360g

4 [式] $6÷4=\dfrac{3}{2}$

$\dfrac{100}{3}×\dfrac{3}{2}=50$

[答え] 50分

67 比例と反比例
比例の利用

▶▶▶ 本冊70ページ

1 [式] $8÷15=\dfrac{8}{15}$

$30×\dfrac{8}{15}=16$

[答え] 16L

2 [式] $45÷81=\dfrac{5}{9}$

$9×\dfrac{5}{9}=5$

[答え] 5cm³

3 [式] $56×\dfrac{4}{3}=\dfrac{224}{3}$

[答え] $\dfrac{224}{3}$ $\left(74\dfrac{2}{3}\right)$ cm²

4 [式] $122÷186=\dfrac{61}{93}$

$6×\dfrac{61}{93}=\dfrac{122}{31}$

[答え] $\dfrac{122}{31}$ $\left(3\dfrac{29}{31}\right)$ 時間

68 比例と反比例
反比例の利用

▶▶▶ 本冊71ページ

1 [式] $6×7=42$
縦 横 面積
$42 ÷ 14 = 3$
面積 横の長さの2倍 求める縦の長さ
[答え] 3(cm)

ポイント

反比例の関係では，全体の量が変わらないことに注意しましょう。用いる計算がわり算であることにも注意しましょう。

69 比例と反比例
反比例の利用

▶▶▶ 本冊72ページ

1 [式] $4×10=40$
1時間分 時間 全体の量
$40÷2=20$
全体の量 1時間分 時間
[答え] 20(時間)

2 [式] $90×4=360$
速さ 時間 道のり
$360÷3=120$
道のり 時間 速さ
[答え] (時速) 120(km)

ポイント

道のりが変わらないとき，速さと時間は反比例の関係になっていることに注意しましょう。

70 比例と反比例
反比例の利用

▶▶▶ 本冊73ページ

1 [式] $12×7=84$

$7×2=14$

$84÷14=6$

[答え] 6cm

2 [式] $8×10×\dfrac{1}{2}=40$

$40×2÷4=20$

[答え] 20cm

3 [式] 6×9＝54

54÷3＝18

[答え] 18時間

4 [式] 200×15＝3000

3000÷24＝125

[答え] 125L

71 比例と反比例 反比例の利用 〈練習〉

▶▶▶ 本冊74ページ

1 [式] 72×30＝2160

2160÷20＝108

[答え] 分速108m

2 [式] 70×40＝2800

2800÷80＝35

[答え] 35分

3 [式] 90×4＝360

360÷2.5＝144

[答え] 時速144km

4 [式] 80×70＝5600

5600÷250＝22.4

[答え] 22分24秒

ポイント

4 0.4 分は，$60 \times \frac{4}{10} = 24$ 秒なので，
22.4 分は，22 分 24 秒です。

72 場合の数 並べ方 〈理解〉

▶▶▶ 本冊75ページ

1

[答え] 6（通り）

2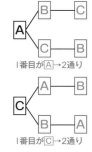

[答え] 6（通り）

ポイント

並べ方では，並ぶ順番に注意しましょう。
全部数え上げられたか，必ず確認するようにしましょう。

73 場合の数 並べ方 〈理解〉

▶▶▶ 本冊76ページ

1

[答え] 8（通り）

2

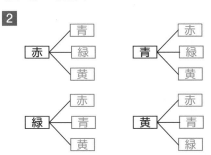

[答え] 12（通り）

ポイント

個数や回数が増えても数え上げる方法は同じです。数が増えると書き出すときにまちがいが多くなるので注意しましょう。

1 ［答え］6通り

2 ［答え］6通り

3 ［答え］24通り

4 ［答え］12通り

ポイント

1

$\boxed{1}-\boxed{3}$, $\boxed{1}-\boxed{5}$, $\boxed{3}-\boxed{1}$, $\boxed{3}-\boxed{5}$, $\boxed{5}-\boxed{1}$,
$\boxed{5}-\boxed{3}$

2

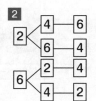

3

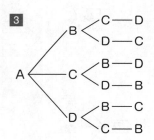

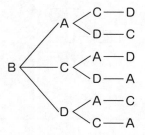

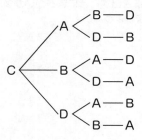

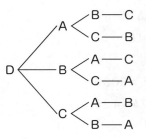

4 班長，副班長の順に次のようになる。

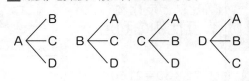

1 ［答え］16通り

2 ［答え］4通り

3 ［答え］9通り

4 ［答え］24通り

ポイント

1

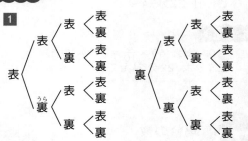

2

3

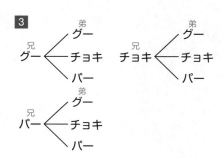

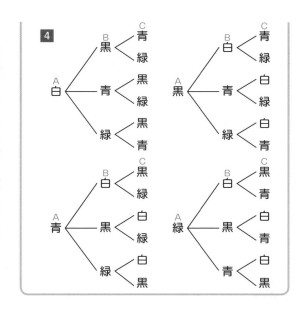

4

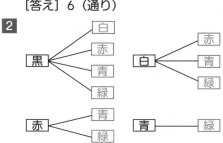

1

← □を結んだ線の数が
組み合わせ方の数

[答え] 6(通り)

2

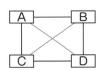

[答え] 10(通り)

76 場合の数
組み合わせ方 〔理解〕

▶▶▶ 本冊79ページ

1 (大, 小) ⇨ (1, 5), (2, 4),
大+小=6　　(3, 3), (4, 2),
　　　　　　(5, 1)

[答え] 5(通り)

2 10円と50円, 10円と100円,
10円と500円 10円との組み合わせ
50円と100円, 50円と500円 50円との組み合わせ
100円と500円 100円との組み合わせ
[答え] 6(通り)

ポイント

数え上げる方法は「並べ方」と同じです。

ここが ニ ガ テ -

2 の場合, 入れかえて同じ場合は数えないこと
に注意しましょう。

ポイント

組み合わせの数が多くなると数えまちがいを
しやすくなるので注意しましょう。

1 A対D, B対Cの線を忘れないようにしま
しょう。

ここが ニ ガ テ -

2 重複して数えないように気をつけましょう。

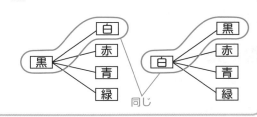

同じ

78 場合の数 組み合わせ方 練習

▶▶▶ 本冊81ページ

1 [答え] 5通り

2 [答え] 3通り

3 [答え] 4通り

4 [答え] 3通り

ポイント

1 (大，小) ⇨ (2, 6), (3, 5),
(4, 4), (5, 3),
(6, 2)

2 10円と100円，10円と500円，
100円と500円の3通り。

3

4 AとB，AとC，BとCの3通り。

79 場合の数 組み合わせ方 練習

▶▶▶ 本冊82ページ

1 [答え] 6通り

2 [答え] 10通り

3 [答え] 10通り

4 [答え] 5通り

ポイント

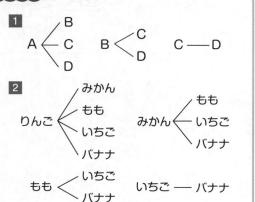

3

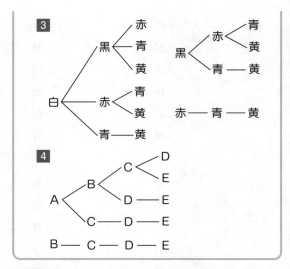

4

80 場合の数 いろいろな場合の数 理解

▶▶▶ 本冊83ページ

1 6×3=18(通り)
6通り ↑
千の位は1, 3, 5
[答え] 18通り

2 6×2=12(通り)
6通り ↑
一の位は2, 4
[答え] 12通り

ポイント

1 千の位の数が 3，5 の 4 けたの整数も 6 通りずつあるので，できる整数は，
6×3=18(通り) です。千の位に 0 はこないことに注意しましょう。
2 一の位の数が 2，4 のとき，できる 4 けたの整数は偶数になります。

81 場合の数 いろいろな場合の数 理解

▶▶▶ 本冊84ページ

1 ①[答え] 6通り

②[答え] A町からB町 バス ，B町からC町 バス

③[答え] A町からB町 電車 ，B町からC町 タクシー

④[答え] 3通り

ポイント

重複しないように数えましょう。
④電車→バス：340＋180＝520(円)
バス→電車：220＋300＝520(円)
バス→バス：220＋180＝400(円)

20

82 場合の数
いろいろな場合の数
【練習】
▶▶▶ 本冊85ページ

1 18通り

2 8通り

ポイント

2 一の位が3か5のとき，できる4けたの整数は奇数になります。
　ただし，千の位に0はこないので，0653，0563，0635，0365は数えないように注意しましょう。

83 場合の数
いろいろな場合の数
【練習】
▶▶▶ 本冊86ページ

1 ①A町からB町 地下鉄，B町からC町 船

　②6通り

2 385m

ポイント

2 行き方は全部で6通りあります。それぞれの行き方の道のりを計算して比べましょう。

84 場合の数のまとめ
パズルゲーム
▶▶▶ 本冊87ページ

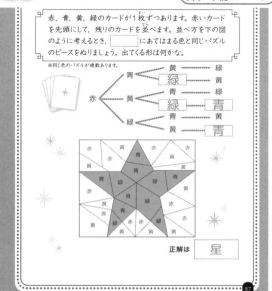

85 資料の整理
代表値とちらばり
理解
▶▶▶ 本冊88ページ

1 ①[式]（25＋15＋26＋38＋31＋15）÷6
　　　　　　記録の合計　　　　　　　人数
　　　＝25
　　　　平均
　　　[答え] 25m

　②12m　19m　28m　32m　32m
　　　[答え] 28m

　③[答え] 2班
　　　　　　　はん

ポイント

③1班の最頻値は15m，2班の最頻値は32mです。
　　　さいひんち

86 資料の整理
代表値とちらばり
理解
▶▶▶ 本冊89ページ

1 ①

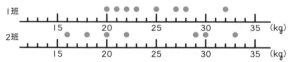

　②[答え] 2班

　③[式] 3 ÷ 15 × 100 ＝20
　　　30kg以上の人数÷全体の人数×100
　　　[答え] 20%

ポイント

②●のついたはんいが大きい方を選びます。

87 資料の整理 代表値とちらばり

▶▶▶ 本冊90ページ

1 ①[答え] 2班

②[答え] 2班

③[答え] 2班

ポイント

① それぞれの平均値を求めると，次のように
なります。
1班：(14+8+15+22+12+18+16+21+18)÷9
=16(分)
2班：(14+19+19+20+25+22+6+19)÷8
=18(分)
② 中央値は，1班が16分，2班が19分です。
③ 最頻値は，1班が18分，2班が19分です。

88 資料の整理 代表値とちらばり

▶▶▶ 本冊91ページ

1 ①[答え] 25.5cm

②[答え] 25.0cm

③[答え] 24.0cm

④[答え] 24.0cm

ポイント

④ 平均値は25.5cm，中央値は25.0cmです
が，実際に25.5cmのくつを借りた人は0人，
25.0cmのくつをかりた人は2人です。いちば
ん借りた人が多い24.0cmのくつを多く買うほ
うがよいと考えられます。

89 資料の整理 度数分布表とヒストグラム

▶▶▶ 本冊92ページ

1 ①[式] 32 − (2+8+10+3+2+1)=6
　　クラスの人数　　　ア以外の人数の合計
[答え] 6

②2+8+6=16　16÷32×100=50

[答え] 50%

③140cm以上145cm未満

ポイント

③ 140cm未満の人数は16人，145cm未満の
人数が，16+10=26(人)だから，低い方から
18番目の人は140cm以上145cm未満になり
ます。

90 資料の整理 度数分布表とヒストグラム

▶▶▶ 本冊93ページ

1 ①[答え] 20m以上25m未満

②[式]　4+2=6

　　6 ÷ 30 × 100 = 20
　30m以上 全体の　 100
　の人数　 人数

[答え] 20%

③[答え] 25m以上30m未満

ポイント

③ 35m以上の人数は2人，30m以上の人数は，
4+2=6(人)，25m以上の人数は，7+6=13
(人)だから，記録のよい方から9番目の人は，
25m以上30m未満の階級に入ります。

1　①［答え］25本以上30本未満

　　②［式］（2＋1）÷15×100＝20

　　　［答え］20%

　　③［答え］25本以上30本未満

　　④［答え］9番目から12番目

ポイント

④ 24 本収かくしたグループは 20 本以上 25 本未満の階級に入ります。

1　①31日

　　②35℃以上40℃未満

　　③30℃以上35℃未満

　　④［式］（10＋11＋1）÷31＝0.709…→約0.71

　　　　　0.71×100＝71

　　　［答え］71%

ポイント

④ 30℃以上 35℃未満が 10 日，35℃以上 40℃未満が 11 日，40℃以上 45℃未満が 1 日だから，日数の合計は，10＋11＋1＝22（日）この日数の，全体の日数 31 日に対する割合を求めます。

1　①［答え］35才以上45才未満

　　②［答え］15才以上25才未満

　　③［答え］A市

ポイント

③A市では，（7＋9）÷40＝0.4 → 40 （%）
B 市 で は，（6＋7）÷（6＋7＋9＋7＋10）＝
0.333…→約 33%